枢纽变电站
短路电流抑制方法

SHUNIU BIANDIANZHAN
DUANLU DIANLIU YIZHI FANGFA

周 坚 胡 宏 编著

中国电力出版社
CHINA ELECTRIC POWER PRESS

内 容 提 要

近年来，随着电网规模发展壮大，枢纽变电站短路电流超标矛盾越来越受到电网企业的重视。本书是在深入总结近年来华东电网抑制枢纽变电站短路电流的工程实践的基础上编写而成。

本书共分九章，包括短路电流计算的基本原理与方法、短路电流计算的工程应用、短路电流计算的影响因素、国内外电网短路电流概况及主要治理手段、华东电网短路电流治理历程、华东电网短路电流治理的限流设备、运行中短路电流治理的速效措施、电网短路电流治理的长效方案、总结与展望。

本书可供从事电网规划、调控运行的技术人员和管理人员学习使用，亦可作为电力系统相关专业高等院校师生的参考书。

图书在版编目（CIP）数据

枢纽变电站短路电流抑制方法 / 周坚，胡宏编著. —北京：中国电力出版社，2018.1
ISBN 978-7-5198-1478-6

Ⅰ. ①枢… Ⅱ. ①周… ②胡… Ⅲ. ①变电所–短路电流计算 Ⅳ. ①TM713

中国版本图书馆 CIP 数据核字（2017）第 296301 号

出版发行：中国电力出版社
地　　址：北京市东城区北京站西街 19 号（邮政编码 100005）
网　　址：http://www.cepp.sgcc.com.cn
责任编辑：王春娟（010–63412350）
责任校对：郝军燕
装帧设计：张俊霞　左　铭
责任印制：邹树群

印　　刷：三河市百盛印装有限公司
版　　次：2018 年 1 月第一版
印　　次：2018 年 1 月北京第一次印刷
开　　本：710 毫米×980 毫米　16 开本
印　　张：13.5
字　　数：205 千字
印　　数：0001—1500 册
定　　价：68.00 元

序

这本书从理论和实践两个方面对抑制电力系统短路电流的方法进行了论述，重点对华东500kV主网架短路电流的控制措施进行了系统的梳理、总结，是这方面难得一见的专著。

华东500kV电网的建设是从20世纪80年代中期开始，随着电力体制改革的深化，经过近20年的持续快速发展，不仅摆脱严重缺电的状况而且500kV电网日臻完善，已经成为世界上最大的现代化区域电网之一；然而，由于用电负荷和发电厂相对集中地分布在东部沿海和长江沿岸，使得“长三角”地区500kV主网架的短路电流迅速攀升，进入新千年后有些枢纽变电站的短路电流已经超过了断路器的额定遮断容量（业内简称短路电流超标），如不及时采取有效的控制措施会导致事故扩大甚至引起大面积停电事故的发生。

我本人在原华东电网有限公司工作期间，曾组织相关省（市）电力公司和华东网调、华东电力试验研究院等单位对解决500kV主网架短路电流超标的各种措施进行过比较研究。结果表明，通过更换断路器来解决电网短路电流超标问题看似简单，实际非常复杂甚至难以实施。因为对于一个已经建成的变电站来说，在更换断路器的同时还必须同步更换包括变电站接地网在内的相关一次和二次设备，不仅要耗费巨大的投资而且施工难度大、安全风险高、停电时间长，不是最优的解决方案，而采取调整电网结构、改变大机组接入系统方式以及加装线路电抗等措施更简便高效、易于实施。

本书论述了电力系统短路电流分析理论，介绍了国外大型电网在控制短路电流方面的经验和新型短路电流限制器的原理，归纳总结了华东电网实施电网分层分区、变电站母线分段、输电线路加装串联电抗器以及接在变电站同一串

（或同一段母线）上的两条线路串联运行等措施对抑制短路电流的作用；还从电网发展方面提出统筹考虑电网稳定性、运行可靠性和短路电流限值的规划措施建议；特别是针对华东特高压交流主网架建设和特高压直流大规模馈入从而替代常规火电机组的新特点，研究探讨了 1000/500kV 电磁环网解环、合理分区运行的可行性。

本书作者既有坚实的专业理论基础又有长期从事电网调度管理工作的丰富经验，特别是都亲自参与研究和实施了杭州瓶窑变电站 500kV 母线断开运行、上海泗泾变电站加装 500kV 串联电抗器等抑制短路电流的重点技改工程，因而本书在系统总结华东电网抑制短路电流措施的同时也融入了他们在调度运行控制方面丰富的实践经验，从而使本书更具有专业指导性、运行可操作性和实际应用价值。

2017 年 11 月

利用故障电流限制器改变线路阻抗以降低短路电流，满足断路器的遮断容量。

经过十年的努力，华东电网枢纽变电站在抑制短路电流方面取得了根本性的好转。2017 年，全接线短路电流超标的枢纽变电站仅有 6 个，总结十年来的成功经验，主要有以下 4 点：

一是保证仿真计算的精确性和普遍适用性。精确的仿真技术是发现问题、认识问题和解决问题的基础。短路电流仿真计算的基本原理成熟，然而由于短路电流是时间的函数，断路器遮断容量需计及继电保护动作时间和断路器灭弧时间，要精确求解发生故障时的短路电流过程十分困难。工程师们通过不同仿真软件的结果比对，及其与实际故障录波数据的比对，制定了 Q/GDW-08-J126—2011《华东电网短路电流计算标准》，在华东四省一市电力公司统一使用，使短路电流问题有了讨论和研究的基本依据。

二是得益于华东电网重视问题导向的生产管理机制，运行中暴露的问题会被高度重视，一旦认识到问题的普遍性和危害性，马上能统一部署，要求各部门协同治理，多管齐下，为成功抑制枢纽变电站短路电流超标矛盾争取了战略主动。

三是得益于网省调度的精心安排，千方百计地在“输电卡脖子矛盾”和“短路电流超标矛盾”这两座山峰之间，开辟出一条绿色通道，保障了电网安全稳定运行。

四是得益于联网各方对枢纽变电站短路电流超标危害的认识和理解，群策群力，为电网结构的优化和运行压力的缓解付出了卓有成效的努力。

展望未来，华东交流 1000kV 网架结构暂不足以使 500kV 电网分层分区运行。计算表明，在华东电网大功率直流落点近区 500kV 变电站短路电流上升很快，须引起高度重视。比如，浙江 500kV 金华变电站，一方面存在送出线路输电卡脖子矛盾，另一方面母线短路电流水平又迫近上限，此类问题是未来运行中面临的典型问题，需要尽早研究对策。

本书旨在总结华东电网抑制枢纽变电站短路电流的工程实践经验，并结合具体的工程介绍短路电流抑制措施的综合分析和校核情况。期望能给从事电网规划、运行的工程师作为参考。为方便读者学习，本书在第一篇介绍了短路电流分析计算和断路器遮断能力方面的基础理论知识，故本书亦可作为电力系统专业师生的选读课本。

本书由周坚、胡宏编著，华东电力调控中心李建华同志参与了本书部分章节的编撰及书稿整理工作。

鉴于编者水平有限，书中疏漏与不当之处在所难免，欢迎读者批评指正。

编　者

2017 年 11 月

目 录

序

前言

第一篇 理论与方法篇

第一章 短路电流计算的基本原理与方法 …… 3

第一节 短路的一般概念 …… 3

第二节 电力系统短路分析和计算原理 …… 4

第二章 短路电流计算的工程应用 …… 25

第一节 电力系统三相短路实用计算 …… 25

第二节 短路电流计算标准与常用计算软件 …… 28

第三章 短路电流计算的影响因素 …… 42

第一节 短路电流的变化过程 …… 42

第二节 影响断路器遮断能力的主要因素 …… 48

第三节 华东电网短路故障情况统计分析 …… 54

第四节 实际故障短路过程分析案例 …… 57

第二篇 技术与实践篇

第四章 国内外电网短路电流概况及主要治理手段 …… 65

第一节 概述 …… 65

第二节　国内外短路电流概况 ……66
第三节　国内外短路电流控制方法 ……76

第五章　华东电网短路电流治理历程 ……94

第一节　华东电网 500kV 线路投运初期（1987～1992 年） ……94
第二节　220kV 省际联络线开断和省市内部电磁环网解开时期（1993～2002 年） ……95
第三节　500kV 电网短路电流超标问题初露端倪期（2003～2006 年） ……96
第四节　500kV 电网短路电流综合治理期（2007～2017 年） ……99

第六章　华东电网短路电流治理的限流设备 ……103

第一节　串联电抗器 ……104
第二节　采用高阻抗变压器 ……111
第三节　加装故障电流限制器 ……113
第四节　加装自耦变压器接地小电抗 ……122

第七章　运行中短路电流治理的速效措施 ……135

第一节　打开一个中断路器措施 ……136
第二节　拉停线路或主变压器 ……138
第三节　串内线路出串运行 ……139
第四节　母线分段运行 ……140
第五节　实际案例分析 ……142

第八章　电网短路电流治理的长效方案 ……145

第一节　分层分区运行 ……145
第二节　母线分列运行改造 ……149
第三节　整站改造，更换大容量开关设备 ……156
第四节　网架结构优化 ……157
第五节　推进 500kV 机组改接至 220kV 电网的工作 ……163

第九章　总结与展望 ………………………………………………………………170

附录 A　华东电网短路电流计算标准 ……………………………………………177

附录 B　标准算例 ………………………………………………………………189

附录 C　GB 1984—2014《高压交流断路器》附录 I ……………………………194

参考文献 ………………………………………………………………………197

第一篇　理论与方法篇

第一章

短路电流计算的基本原理与方法

第一节 短路的一般概念

一、短路的原因、类型及后果

电力系统在正常运行时常常会受到各种扰动，其中对电力系统运行影响较大的是系统中发生的各种故障，常见的故障有短路、断线和其他各种复杂故障，最为常见和对电力系统影响最大的是短路故障。所谓短路是指电力系统中相与相或相与地之间的非正常接通。在三相系统中，简单短路故障一般分为单相短路接地、两相短路接地、三相短路、两相相间短路 4 种类型。

造成电力系统短路故障的原因很多，主要有：① 电气设备载流部分绝缘损坏；② 操作人员误操作；③ 鸟兽、塑料大棚、风筝线等跨接裸露导体管线、吊车碰线或小动物咬坏设备、导线等；④ 自然灾害导致的倒塔或设备损坏等。

短路对电气设备和电力系统的正常运行都有很大的危害。一旦发生短路，可能造成严重的后果，如：① 发生短路后，由于电源供电回路阻抗降低及产生暂态过程，会使短路回路中的电流急剧增加，其数值可能超过该回路额定电流数倍；② 发生短路后，如果不能在短时间内切除故障，过大的短路电流可能会产生过多的热量，严重时会烧毁电气设备；③ 发生短路时，系统的电压将大幅度下降，导致电动机的电磁转矩显著减小，转速也随之下降，甚至可能停转，从而造成产品报废，设备损坏等后果；④ 严重短路故障不能快速切除时，电力系统可能失去稳定，发电机可能失去同步，严重时可能导致大面积停电；⑤ 不对称接地短路引起的不平衡电流将在线路周围产生不平衡磁通，使邻近的通信线路中感应出大的感应电动势，干扰通信系统，甚至危及通信设备和人身安全。

二、短路电流计算的目的

短路电流计算是电力系统中最基本和最重要的计算之一，它的主要目的如下：

（1）在选择电气设备时，为了校验电气设备的动稳定性能，需要进行冲击电流和短路电流最大有效值的计算；为了校验电气设备的热稳定性能，需要进行稳态短路电流的计算；为了校验高压断路器的断流能力，必须计算指定时刻短路电流的有效值。

（2）为了合理配置各种继电保护和安全自动装置，必须计算短路电流在电网中的分布情况和电网中节点电压的数值，从而正确整定其参数。

（3）在设计发电厂或变电所的电气主接线时，要进行短路电流计算才能对各种可能的设计方案进行详细的技术和经济比较，从而确定最优设计方案。

（4）进行电力系统暂态稳定计算时，也要进行短路电流计算。

本书短路电流计算主要用于评估开关设备遮断能力，制定限制短路电流的控制措施。

第二节　电力系统短路分析和计算原理

一、对称分量法及其应用

在三相电路中，任意一组不对称的三相相量（电压或电流），可以分解为三组三相对称的相量分量。在线性电路中，可以对这三组对称分量分别按照三相电路去解，然后利用叠加原理将其结果叠加起来，这种方法就叫作对称分量法。

设 $\dot{F}_{\mathrm{a}}$ ，$\dot{F}_{\mathrm{b}}$ ，$\dot{F}_{\mathrm{c}}$ 为三相系统中任意一组不对称的三相相量，将其分解为 3 组对称的三序分量：

$$\begin{cases}\dot{F}_{\mathrm{a}}=\dot{F}_{\mathrm{a}(1)}+\dot{F}_{\mathrm{a}(2)}+\dot{F}_{\mathrm{a}(0)}\\ \dot{F}_{\mathrm{b}}=\dot{F}_{\mathrm{b}(1)}+\dot{F}_{\mathrm{b}(2)}+\dot{F}_{\mathrm{b}(0)}\\ \dot{F}_{\mathrm{c}}=\dot{F}_{\mathrm{c}(1)}+\dot{F}_{\mathrm{c}(2)}+\dot{F}_{\mathrm{c}(0)}\end{cases} \tag{1–1}$$

三相序分量如图 1–1 所示。

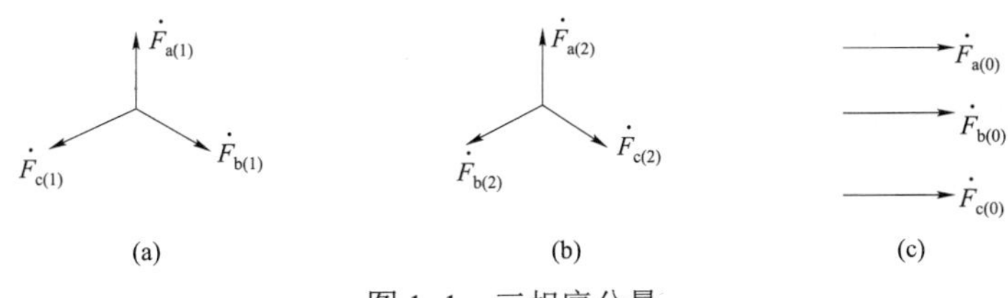

图 1–1　三相序分量

（a）正序分量；（b）负序分量；（c）零序分量

正序分量：a，b，c 三相的正序分量 $\dot{F}_{a(1)},\dot{F}_{b(1)},\dot{F}_{c(1)}$ 大小相等，相位相差 120°，与系统正常对称运行方式下的相序相同，按顺时针方向排列，在电机内部产生正转磁场。正序分量为一平衡的三相系统，因此有 $\dot{F}_{a(1)}+\dot{F}_{b(1)}+\dot{F}_{c(1)}=0$。

负序分量：a，b，c 三相的负序分量 $\dot{F}_{a(2)},\dot{F}_{b(2)},\dot{F}_{c(2)}$ 大小相等，相位相差 120°，与系统正常对称运行方式下的相序相反，按逆时针方向排列，在电机内部产生反转磁场。负序分量为一平衡的三相系统，因此有 $\dot{F}_{a(2)}+\dot{F}_{b(2)}+\dot{F}_{c(2)}=0$。

零序分量：a，b，c 三相的零序分量 $\dot{F}_{a(0)},\dot{F}_{b(0)},\dot{F}_{c(0)}$ 大小相等，相位相同，在电机内部产生漏磁通。

如果以 A 相为基准相，则各序分量有如下关系：

正序分量：$\dot{F}_{a(1)},\dot{F}_{b(1)}=a^2\dot{F}_{a(1)},\dot{F}_{c(1)}=a^2\dot{F}_{b(1)}=a\dot{F}_{a(1)}$

负序分量：$\dot{F}_{a(2)},\dot{F}_{b(2)}=a\dot{F}_{a(2)},\dot{F}_{c(2)}=a\dot{F}_{b(2)}=a^2\dot{F}_{a(2)}$

零序分量：$\dot{F}_{a(0)},\dot{F}_{b(0)}=\dot{F}_{a(0)},\dot{F}_{c(0)}=\dot{F}_{a(0)}$

其中：由 $a=e^{j120^\circ}=-\frac{1}{2}+j\frac{\sqrt{3}}{2}$，$a^2=e^{j240^\circ}=-\frac{1}{2}-j\frac{\sqrt{3}}{2}$，推出 $1+a+a^2=0$，$a^3=1$，于是有：

$$\begin{bmatrix}\dot{F}_a\\ \dot{F}_b\\ \dot{F}_c\end{bmatrix}=\begin{bmatrix}1&1&1\\ a^2&a&1\\ a&a^2&1\end{bmatrix}\begin{bmatrix}\dot{F}_{a(1)}\\ \dot{F}_{a(2)}\\ \dot{F}_{a(0)}\end{bmatrix}\qquad(1\text{–}2)$$

其逆关系式为：

$$\begin{bmatrix}\dot{F}_{a(1)}\\ \dot{F}_{a(2)}\\ \dot{F}_{a(0)}\end{bmatrix}=\frac{1}{3}\begin{bmatrix}1&a&a^2\\ 1&a^2&a\\ 1&1&1\end{bmatrix}\begin{bmatrix}\dot{F}_a\\ \dot{F}_b\\ \dot{F}_c\end{bmatrix}\qquad(1\text{–}3)$$

式（1–2）可以把 3 组对称分量合成 3 个不对称相量，式（1–3）可以把 3 个不对称相量分解成 3 组对称分量。

正常运行时，电力系统三相通常是对称的，其三相电路参数相同，各相电流、电压对称，只存在正序分量。当电力系统的某一点发生不对称故障时，三相对称电路成为不对称电路，这时就可以用对称分量法，把实际的故障系统分解成 3 个互相独立的序分量系统，各个序分量系统本身是三相对称的，经过对称电路的计算后，再运用叠加定理就可以进行故障分析了。

现以图 1–2 所示的简单电力系统单相接地故障为例，来说明如何应用对称分量法计算不对称短路。

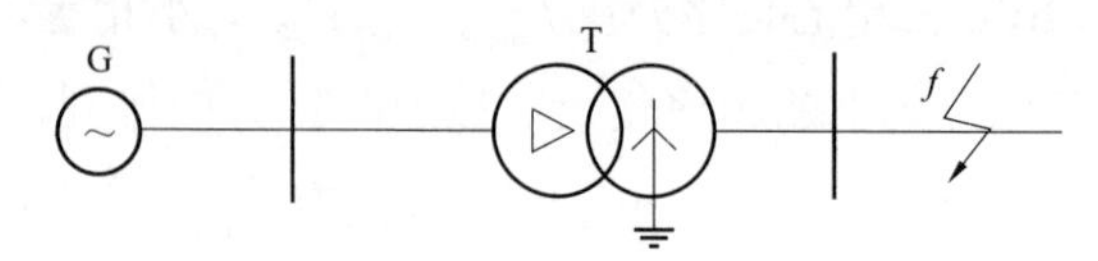

图 1–2　简单电力系统单相接地故障图

应用对称分量法可绘出各序序网图（三序等值电路图），图 1–3 为简化的三序网图，各序网的序参数不同，可分为正序、负序和零序分别计算，图 1–3 中 $Z_{1\Sigma},Z_{2\Sigma},Z_{0\Sigma}$ 分别为正序阻抗、负序阻抗和零序阻抗。

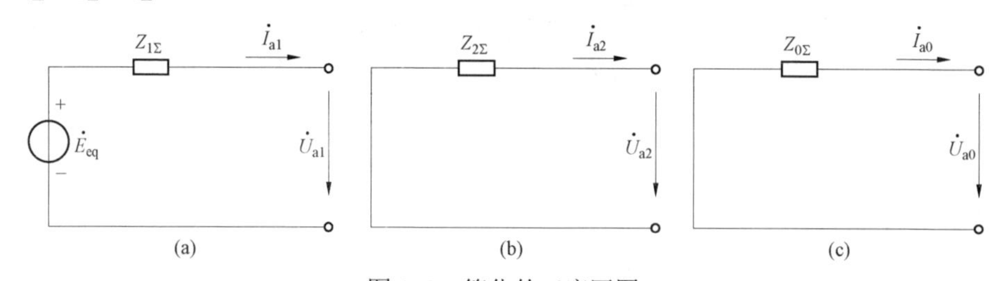

图 1–3　简化的三序网图

（a）正序阻抗；（b）负序阻抗；（c）零序阻抗

列出电压方程如式（1–4）：

$$\begin{cases}\dot{E}_{eq}-\dot{I}_{a1}Z_{1\Sigma}=\dot{U}_{a1}\\-\dot{I}_{a2}Z_{2\Sigma}=\dot{U}_{a2}\\-\dot{I}_{a0}Z_{0\Sigma}=\dot{U}_{a0}\end{cases} \tag{1–4}$$

由此可见，计算不对称故障的基本原则是，把故障处的三相阻抗的不对称表示为电压和电流相量的不对称，同时维持电力系统故障点外的三相阻抗对称，然后用对称分量法将不对称的三相电压和电流用对称的各序分量表示，再在各序网中分别加以分析和计算。

二、电力系统元件的序阻抗和等值电路

（一）同步电机的各序阻抗

当系统发生不对称故障时，同步电机中的暂态过程要比三相短路复杂得多，在实际工程中计算故障电流的起始次暂态电流时，为了方便计算，同步发电机正序等值电路与三相短路近似计算相同，即等值电抗为发电机的次暂态电抗 x''_{d}。

发电机的负序电抗相当于发电机机端基波负序电压与定子绕组基波负序电流分量的比值。实际上当定子绕组流过负序电流时，产生的旋转磁通与转子旋转方向相反，两者的相对转速为 2 倍同步转速，在 1 个周期内磁通最大值所在的位置将两度在转子的 d 轴和 q 轴变化。因此，同步发电机的负序电抗不是一个恒定的数值。在实用计算中，同步发电机的负序电抗通常取 $x_{(2)}=\dfrac{x''_{\mathrm{d}}+x''_{\mathrm{q}}}{2}$ 或 $\dfrac{2x''_{\mathrm{d}}x''_{\mathrm{q}}}{x''_{\mathrm{d}}+x''_{\mathrm{q}}}$。

同步发电机的零序电抗是指发电机机端零序电压基频分量与流入定子绕组的零序电流基频分量的比值。如前所述，定子绕组的零序电流只产生定子绕组漏磁通，与此漏磁通相对应的电抗就是零序电抗。实际上，零序电流产生的漏磁通较正序的要小些，其减小程度与绕组型式有关。零序电抗的变化范围为（0.15～0.6）x''_{d}。另外，必须说明的是，发电机中性点通常是不接地的，即零序电流不能通过发电机，因此发电机的等值零序电抗为无限大。表 1–1 为不同类型的同步电机的电抗 $x_{(2)}$，$x_{(0)}$ 范围值。

表 1–1　　同步电机的电抗 $x_{(2)}$，$x_{(0)}$ 值

电抗 \ 类型	水轮电动机		汽轮发电机	调相机
	有阻尼绕组	无阻尼绕组		
$x_{(2)}$	0.15～0.35	0.32～0.55	0.134～0.18	0.24
$x_{(0)}$	0.04～0.125	0.04～0.125	0.036～0.08	0.08

注　电抗值为以电机额定值为基准的标幺值。

（二）变压器的各序阻抗和等值电路

短路状态时，影响变压器短路电流大小的主要为电抗值，故以下分析中忽略电阻值。稳态运行时变压器的等值电抗就是它的正序或负序电抗，而变压器的零序电抗和正序、负序电抗不同，当在变压器端点施加零序电压时，其绕组中有无零序电流及零序电流大小，取决于变压器绕组的接线方式和变压器的结构。现就双绕组、三绕组、自耦变压器分别讨论如下。

1. 双绕组变压器

零序电压施加在变压器绕组的三角形侧或星形侧（中性点不接地）时，无论另一侧绕组的接线方式如何，变压器中都没有零序电流流过，在这种情况下，可认为变压器的零序电抗 $x_{(0)}=\infty$。

零序电压施加在变压器星形绕组（中性点接地）一侧时，大小相等、相位相同的零序电流将通过三相绕组经中性点流入大地，形成回路。在另一侧，零序电流流通的情况则因变压器绕组的接线方式而异。

（1）YNd 线变压器。变压器星形侧绕组流过零序电流时，在三角形侧各绕组中将感应零序电动势，接成三角形的三相绕组为零序电流提供通路，三相零序电流的大小相等、相位相同，其只在三角形绕组中形成环流，如图 1–4（a）所示。

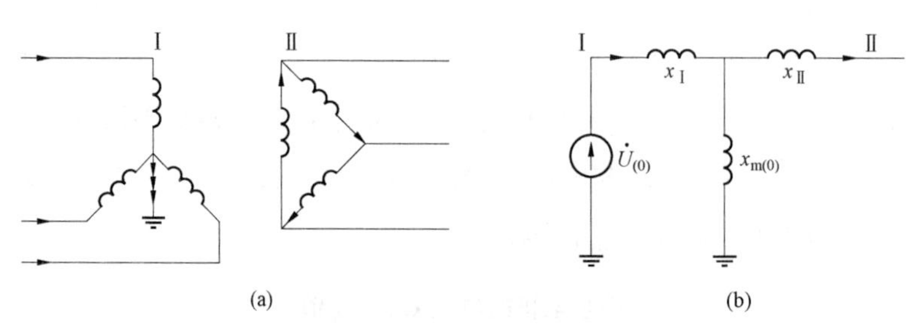

图 1–4　YNd 接线的变压器零序等值电路

（a）零序电流回路；（b）零序等值电路

零序系统是对称三相系统，其等值电路也可以用单相表示。就一相而言，三角形侧感应的电动势以电压降的形式完全降落于该侧的漏电抗中，相当于该侧绕组短接，故变压器的零序等值电路如图 1–4（b）所示，其零序电抗为：

$$x_{(0)} = x_{\mathrm{I}} + \frac{x_{\mathrm{II}} x_{\mathrm{m}(0)}}{x_{\mathrm{II}} + x_{\mathrm{m}(0)}} \tag{1–5}$$

式中：x_{I}，x_{II} 分别为两侧绕组的漏抗；$x_{\mathrm{m}(0)}$ 为零序励磁电抗。

（2）YNy 接线变压器。变压器星形侧流过零序电流，星形侧各相绕组中将感应零序电动势，但因星形侧中性点不接地，零序电流没有通路，故星形侧没有零序电流，如图 1–5（a）所示。这种情况下变压器相当于空载，其零序等值电路如图 1–5（b）所示。

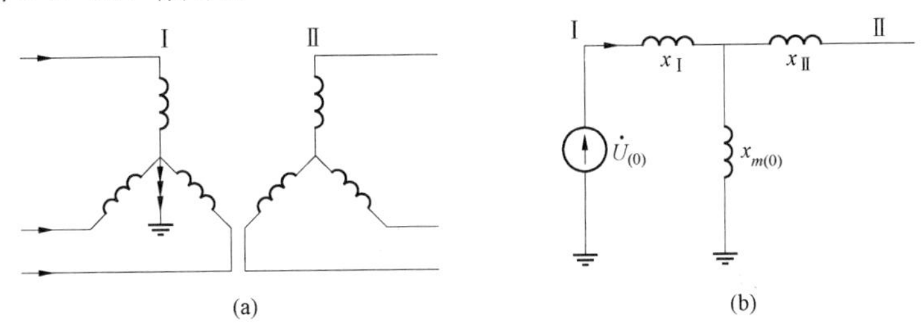

图 1–5　YNy 接线的变压器零序等值电路

（a）零序电流回路；（b）零序等值电路

变压器零序电抗为：

$$x_{(0)} = x_{\mathrm{I}} + x_{\mathrm{m}(0)} \tag{1–6}$$

（3）YNyn 接线变压器。变压器一次星形侧流过零序电流，二次星形侧各绕组中将感应出零序电动势，如果二次星形侧电路中存在另一个接地的中性点，则二次绕组中将有零序电流流通，如图 1–6（a）所示，图中还包含了外电路电抗。如果二次星形侧回路中没有其他接地的中性点，则二次绕组中没有零序电流，变压器的零序电抗与 YNy 接线变压器相同，零序等值电路如图 1–6（b）所示。

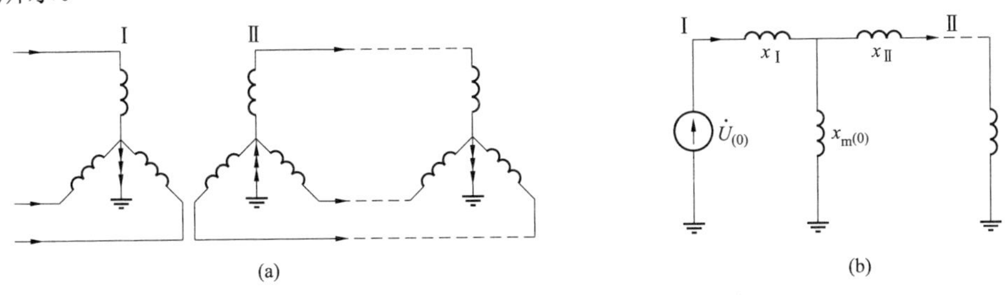

图 1–6　YNyn 接线的变压器零序等值电路

（a）零序电流回路；（b）零序等值电路

（4）含中性点接地阻抗的变压器。如果变压器的星形侧中性点经过阻抗接地，当变压器流过正序或负序电流时，三相电流之和为零，中性线上没有电流流过，所以正序、负序等值电路不需要体现中性点阻抗。当变压器流过零序电流时，由于三相电流之和不为零，在图 1–7（a）所示的情况下，中性点阻抗上流过 $3\dot{I}_{(0)}$ 电流，变压器中性点电压为 $3\dot{I}_{(0)}Z_{\rm n}$，因此，中性点阻抗必须反映在等值电路中。由于等值电路是单相的，其中流过电流为 $\dot{I}_{(0)}$，所以在等值电路中应以 $3Z_{\rm n}$ 反映中性点阻抗。图 1–7（b）是变压器 YNd 连接且星形侧中性点经阻抗 $Z_{\rm n}$ 接地时的等值电路。

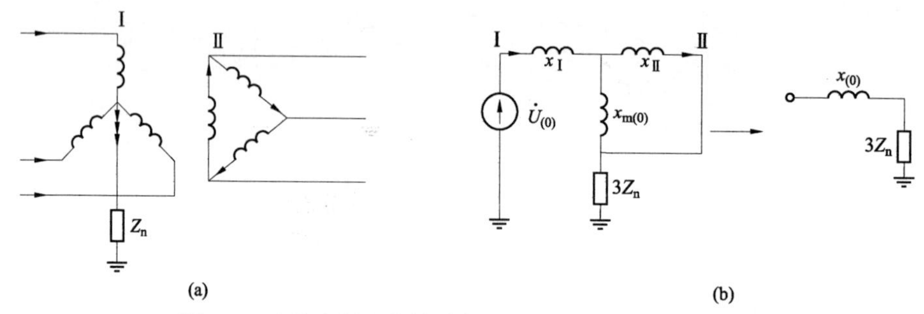

图 1–7　中性点经阻抗接地的 YNd 变压器及其等值电路

（a）中性点经阻抗接地的 YNd 变压器；（b）零序等值电路

以上的分析方法和结果可以推广到 YNy 接线和 YNyn 接线的变压器，分析时要注意中性点阻抗实际流过的电流，以便将中性点阻抗正确地反映在等值电路中。

2. 三绕组变压器

接线形式为 YNdy、YNdyn 和 YNdd 的三绕组变压器，为了消除三次谐波磁通的影响，使变压器的电动势接近于正弦波，一般将一个绕组接成三角形，为三次谐波电流提供通路，等值电路中可以不计入 $x_{\rm m(0)}$。

图 1–8（a）为 YNdy 连接的变压器，绕组Ⅲ中没有零序电流流过，因此变压器的零序电抗为：

$$x_{(0)} = x_{\rm I} + x_{\rm II} = x_{\rm I-II} \tag{1–7}$$

图 1–8（b）为 YNdyn 连接的变压器，绕组Ⅱ、Ⅲ都可流过零序电流，绕组Ⅲ中是否有零序电流取决于外电路中有无接地点。

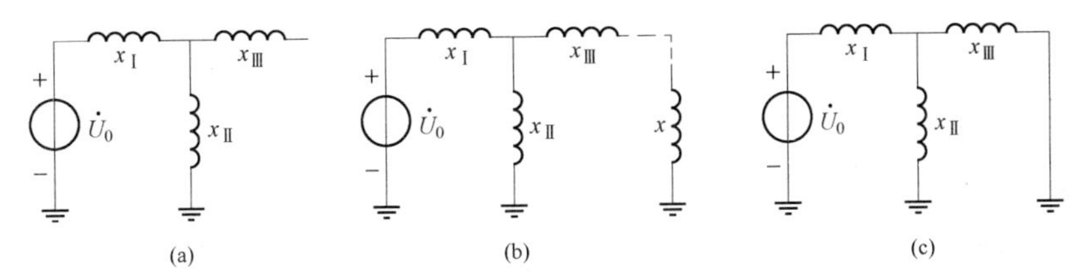

图 1–8　三绕组变压器零序等值电路

（a）YNdy 连接；（b）YNdyn 连接；（c）YNdd 连接

图 1–8（c）为 YNdd 连接的变压器，绕组Ⅱ、Ⅲ侧各自构成零序电流的闭合回路。Ⅱ侧和Ⅲ侧绕组中的电压降相等，等于变压器的感应电动势，因此在等值电路中将 x_{II} 和 x_{III} 并联，此时变压器的零序电抗为：

$$x_{(0)} = x_{\mathrm{I}} + \frac{x_{\mathrm{II}} x_{\mathrm{III}}}{x_{\mathrm{II}} + x_{\mathrm{III}}} \tag{1-8}$$

应当注意的是，在三绕组变压器零序等值电路中，电抗 x_{I}、x_{II}、x_{III} 和正序等值电路相同，均为等值电抗，而不是各绕组的漏电抗。

3. 自耦变压器

自耦变压器一般用于连接两个中性点接地系统，它自身的中性点一般也是接地的。因此，自耦变压器一、二次侧绕组都为星形接线，如果有第三绕组，一般接成三角形。

（1）中性点直接接地的自耦变压器。当中性点直接接地时，接线方式为 YNyn、YNynd，图 1–9 为这两种接线方式的变压器零序等值电路，图中设 $x_{\mathrm{m}(0)} = \infty$，其等值电路和普通双绕组、三绕组变压器相同。需注意的是，由于自耦变压器绕组间有直接的电气联系，由等值电路不能直接求取中性点的入地电流，而必须算出一、二次侧的电流有名值 $\dot{I}_{(0)\mathrm{I}}$、$\dot{I}_{(0)\mathrm{II}}$，则中性点的电流为 $3(\dot{I}_{(0)\mathrm{I}} - \dot{I}_{(0)\mathrm{II}})$。

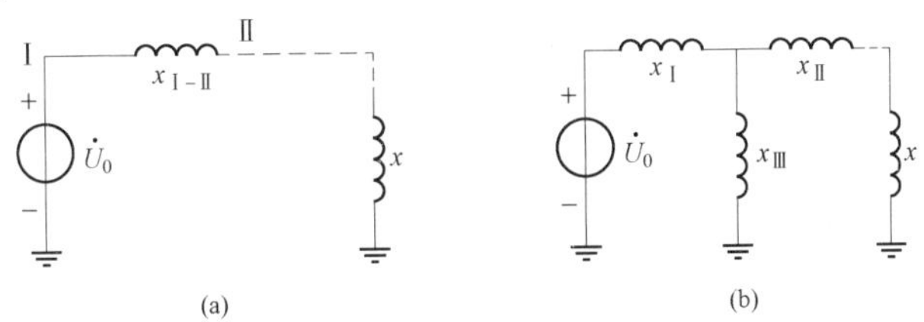

图 1–9　中性点直接接地的自耦变压器的零序等值电路

（a）YNyn 接线；（b）YNynd 接线

（2）中性点经电抗接地的自耦变压器。中性点经电抗接地的自耦变压器零序等值电路如图 1–10 所示。对于 YNyn 接线的变压器，设一、二次侧端点与中性点之间的电动势差的有名值分别为$U_{\mathrm{I\,n}}$、$U_{\mathrm{II\,n}}$，中性点电压为U_{n}，则中性点直接接地时 $U_{\mathrm{n}}=0$，折算到一次侧的一、二次绕组端点间的电动势差为 $U_{\mathrm{I\,n}}-U_{\mathrm{II\,n}}\times\dfrac{U_{\mathrm{I\,N}}}{U_{\mathrm{II\,N}}}$（$U_{\mathrm{I\,N}}$和$U_{\mathrm{II\,N}}$分别为一、二次侧的额定电压）。因此，折算到一次侧的等值零序电抗（即为Ⅰ–Ⅱ间漏电抗）为：

$$x_{\mathrm{I-II}}=\left(U_{\mathrm{I\,n}}-U_{\mathrm{II\,n}}\times\frac{U_{\mathrm{I\,N}}}{U_{\mathrm{II\,N}}}\right)/I_{(0)\mathrm{I}} \tag{1–9}$$

当中性点经电抗接地时，折算到一次侧的等值零序电抗为：

$$\begin{aligned}x'_{\mathrm{I-II}}&=\frac{(U_{\mathrm{I\,n}}+U_{\mathrm{n}})-(U_{\mathrm{II\,n}}+U_{\mathrm{n}})\times\dfrac{U_{\mathrm{I\,N}}}{U_{\mathrm{II\,N}}}}{I_{(0)\mathrm{I}}}=\frac{U_{\mathrm{I\,n}}-U_{\mathrm{II\,n}}U_{\mathrm{I\,N}}/U_{\mathrm{II\,N}}}{I_{(0)\mathrm{I}}}+\frac{U_{\mathrm{n}}}{I_{(0)\mathrm{I}}}\left(1-\frac{U_{\mathrm{I\,N}}}{U_{\mathrm{II\,N}}}\right)\\&=x_{\mathrm{I-II}}+\frac{3x_{\mathrm{n}}(I_{(0)\mathrm{I}}-I_{(0)\mathrm{II}})}{I_{(0)\mathrm{I}}}\times\left(1-\frac{U_{\mathrm{I\,N}}}{U_{\mathrm{II\,N}}}\right)=x_{\mathrm{I-II}}+3x_{\mathrm{n}}\left(1-\frac{I_{(0)\mathrm{II}}}{I_{(0)\mathrm{I}}}\right)\left(1-\frac{U_{\mathrm{I\,N}}}{U_{\mathrm{II\,N}}}\right)\\&=x_{\mathrm{I-II}}+3x_{\mathrm{n}}\left(1-\frac{U_{\mathrm{I\,N}}}{U_{\mathrm{II\,N}}}\right)^2\end{aligned} \tag{1–10}$$

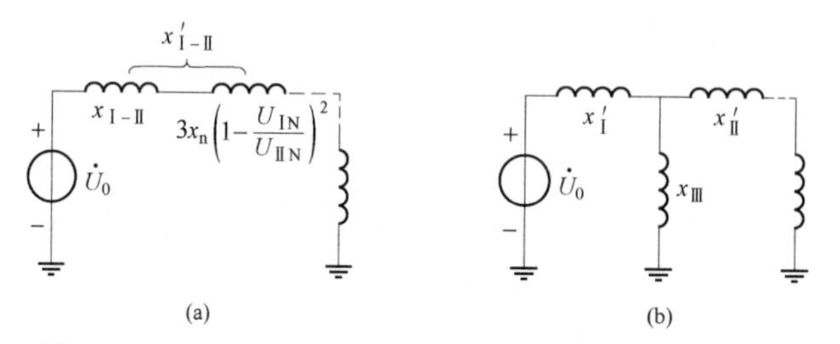

图 1–10　中性点经电抗接地的自耦变压器零序等值电路

（a）YNyn 接线；（b）YNynd 接线

对于 YNyn 接线的变压器，除了上述的Ⅲ绕组断开时的 $x'_{\mathrm{I-II}}$，还可以列出将Ⅱ侧绕组回路开路，折算到Ⅰ侧的Ⅰ、Ⅲ侧之间的零序电抗为：

$$x'_{\mathrm{II-III}}=x_{\mathrm{I-III}}+3x_{\mathrm{n}} \tag{1–11}$$

Ⅰ侧绕组断开，折算到Ⅰ侧的Ⅱ、Ⅲ侧之间的零序电抗为：

$$x'_{\text{II-III}} = x_{\text{II-III}} + 3x_{\text{n}}\left(\frac{U_{\text{I N}}}{U_{\text{II N}}}\right)^2 \tag{1-12}$$

根据式（1–10）～式（1–12）可以求得折算到一次侧的零序等值电抗为：

$$\begin{cases} x'_{\text{I}} = \dfrac{1}{2}(x'_{\text{I-II}} + x'_{\text{I-III}} - x'_{\text{II-III}}) = x_{\text{I}} + 3x_{\text{n}}\left(1 - \dfrac{U_{\text{I N}}}{U_{\text{IIN}}}\right) \\ x'_{\text{II}} = \dfrac{1}{2}(x'_{\text{I-II}} + x'_{\text{II-III}} - x'_{\text{I-III}}) = x_{\text{II}} - 3x_{\text{n}}\dfrac{(U_{\text{I N}} - U_{\text{II N}})U_{\text{I N}}}{U_{\text{II N}}^2} \\ x'_{\text{III}} = \dfrac{1}{2}(x'_{\text{I-II}} + x'_{\text{II-III}} - x'_{\text{I-II}}) = x_{\text{III}} + 3x_{\text{n}}\dfrac{U_{\text{I N}}}{U_{\text{II N}}} \end{cases} \tag{1-13}$$

式（1–13）是按有名值表示的，如果用标幺值表示，只需将各电抗值除以相应于一次侧的电抗基准值即可。

（三）架空输电线路各序阻抗和等值电路

架空输电线路是静止元件，其正、负、零序等值电路形状相同，输电线正、负序的参数相同，只有零序参数不同。线路流过零序电流时，由于三相零序电流完全相同，所以必须经由大地及架空地线来构成零序电流的通路。因此，架空输电线的零序阻抗与电流在大地中的分布有关，很难精确计算。表 1–2 给出了不同型号架空输电线路每公里典型参数值。

表 1–2　　　　不同型号架空输电线路每公里典型参数值

线路型号	正序电阻（Ω）	零序电阻（Ω）	正序电抗（Ω）	零序电抗（Ω）	正序电容（μF）	零序电容（μF）	电压等级（kV）
8×630mm	0.006 45	0.271 78	0.241 44	1.030 38	0.014 73	0.005 35	1000
4×400mm	0.02	0.171 7	0.28	0.640 7	0.012 99	0.009 15	500
4×630mm	0.012	0.165 4	0.265	0.660 1	0.013 63	0.009 19	500
6×240mm	0.02	0.131 4	0.201 3	0.757 5	0.017 72	0.007 56	500
4×300mm	0.027	0.179 3	0.282 4	0.640 5	0.012 89	0.009 11	500
4×720mm	0.010 7	0.222 6	0.247	1.020 5	0.014 5	0.005 1	500
4×800mm	0.005 269	0.000 00	0.245 3	0.735 9	0.014 32	0.000 00	500
300mm	0.108	0.324	0.419	1.257	0.008 66	0.006 14	220
400mm	0.08	0.24	0.41	1.23	0.008 87	0.006 22	220

续表

线路型号	正序电阻（Ω）	零序电阻（Ω）	正序电抗（Ω）	零序电抗（Ω）	正序电容（μF）	零序电容（μF）	电压等级（kV）
500mm	0.065 01	0.284 23	0.403 57	1.168 03	0.009 02	0.006 29	220
2×300mm	0.054	0.162	0.302	0.85	0.011 95	0.007 62	220
2×400mm	0.04	0.12	0.297 5	0.848	0.012 13	0.007 67	220
2×630mm	0.023 17	0.069 51	0.299	0.837 2	0.011 97	0.007 67	220
4×300mm	0.027	0.186 5	0.281	0.650 8	0.012 13	0.007 67	220
4×400mm	0.02	0.178 9	0.275	0.659	0.011 97	0.007 67	220
4×630mm	0.011 3	0.178 9	0.272	0.659	0.012 8	0.008 67	220
800mm（电缆）	0.039 4	0.137 9	0.242 2	0.847 7	0.672	0.672	220
845mm（电缆）	0.037 27	0.619 99	0.144 42	0.734 25	0.290 99	0.290 99	220
1000mm（电缆）	0.022 94	0.136 16	0.172 93	0.879 2	0.529 99	0.53	220

对于以大地构成零序回路的三相输电线路，其三相导体中的零序电流经过大地返回，这里给出零序电流理论上的计算方法：假设大地体积无限大，而且具有均匀的电阻率，它的导电作用可以用 Carson 线路来模拟，经虚拟模拟的导线位于架空输电线的下方。因为架空输电线是三相的，因此假设 Carson 线路模拟的架空地线也是三相的，这就形成了 3 个平行的“单导线—大地”回路，然后再根据相应的等值电路进行计算。

实际上，由于输电线路经过地段的大地电阻率一般是不均匀的，因此零序阻抗一般通过实测获得。在实际的短路电流计算中，不同类型架空线路的零序电抗和正序电抗关系见表 1–3。

表 1–3　　不同类型架空线路的零序电抗和正序电抗关系

线路类型	$\frac{x_{(0)}}{x_{(1)}}$	线路类型	$\frac{x_{(0)}}{x_{(1)}}$
无架空地线单回路	3.5	有磁铁导体架空地线双回路	4.7
无架空地线双回路	5.5	有良好导体架空地线单回路	2.0
有磁铁导体架空地线单回路	3.0	有良好导体架空地线双回路	3.0

注　取正序电抗 $x_{(1)} \approx 0.4\Omega/\text{km}$ 。

三、电力系统序网的制订

正确制订电力系统的各序等值网络，是不对称短路电流计算的重要环节，也是应用对称分量法分析计算不对称故障的第一步。制订序网时，应根据电力系统的接线图、中性点接地情况等条件，在故障点分别施加各序电动势，然后从故障点出发，逐步画出各序电流流通的序网络。需要注意的是，凡是某一序电流能够流通的元件，都必须包括在该序网络中，并用相应的序参数和等值电路表示。根据以上原则，结合图 1–11 来说明各序网络的制订。

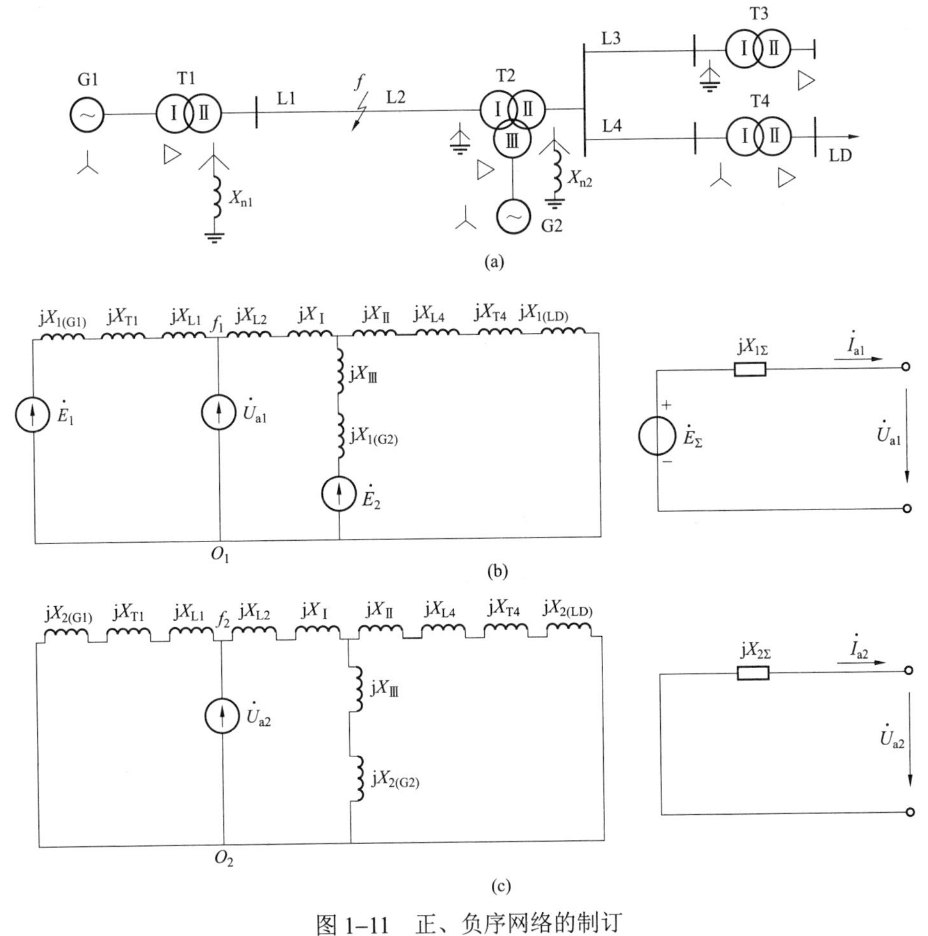

图 1–11　正、负序网络的制订

（a）电力系统接线图；（b）正序网络及简化网络；（c）负序网络及简化网络

1. 正序网络

正序网络与三相短路时的等值网络基本相同，但需在短路点引入代替故障条件的正序电动势，即短路点的电压不为零而等于$\dot{U}_{fa1}$，所有的同步发电机和调相机，以及用等值电源表示的综合负荷，都是正序网络的电源（一般用次暂态或暂态参数表示）。除中性点接地阻抗、空载线路（不计导纳时）及空载变压器（不计励磁电流时）外，电力系统各元件均应包括在正序网络中，并用正序参数和等值电路表示，图 1–11（b）是图 1–11（a）所示系统在 f 点发生不对称短路时的正序网络。从故障端口看正序网络，它是一个有源网络，可以简化为戴维南等值电路。

2. 负序网络

负序电流流通情况和正序电流相同，因此，同一电力系统的负序网络与正序网络基本相同，但是所有电源的负序电动势为零，在短路点需引入代替故障条件的负序电动势$\dot{U}_{fa2}$，各元件的电抗应为负序电抗，如图 1–11（c）所示。即把正序网络中的电源电动势短接并在短路点施加负序电压$\dot{U}_{fa2}$，各元件用负序电抗表示，就得到了负序网络。从故障端口看负序网络，是一个无源网络，也可以简化为戴维南等值电路。

3. 零序网络

零序网络中不包含电源电动势。在不对称短路点施加代表故障边界条件的零序电动势时，由于三相零序电流的大小、相位相同，它们必须经大地或架空地线才能构成通路，因此零序电流的流通与网络的结构，特别是变压器的接线方式及中性点的接地方式有关。图 1–12 为图 1–11 所示系统的零序网图，图中箭头表示零序电流的流通方向。比较正、负序和零序网络可以看出，线路 L4 及负荷 LD 均存在于正、负序和零序网络中，但变压器 T4 的中性点未接地，不能流通零序电流，所以零序网络不包含变压器 T4。相反，线路 L3 和变压器 T3 因为空载不能流通正、负序电流而不存在于正、负序网络中，但由于 T3 中性点经 X_{n1} 接触，L3 和 T3 能流通零序电流，所以它们存在于零序网络中。同样，从故障端看零序网络，它也是一个无源网络，也可以简化为戴维南等值电路。

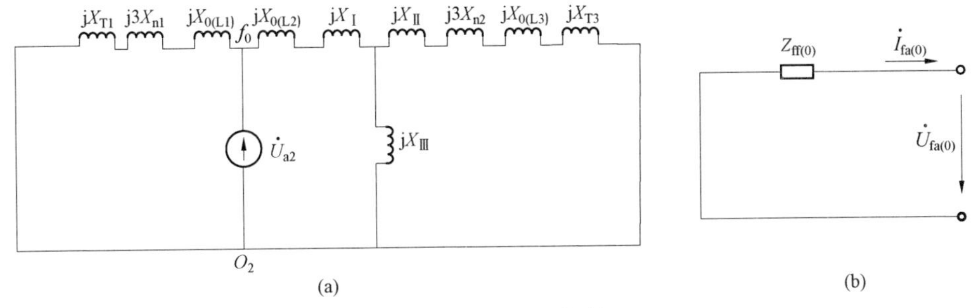

图 1–12　零序网络的制订

（a）零序网络及简化网络；（b）戴维南等值电路

四、电力系统不对称故障的分析和计算

电力系统发生单相接地短路、两相短路、两相短路接地等不对称故障时，只是短路点处的电压、电流出现不对称，若利用对称分量法将不对称的电流、电压分解为 3 组对称的序分量，由于每个序分量系统中三相对称，则在选好某一相为基准后，每一序分量只需要计算一相即可。

用对称分量法计算电力系统的不对称故障，其步骤如下：

（1）计算电力系统各个元件的序阻抗；

（2）制订电力系统的各序网络；

（3）由各序网络和故障条件列出对应方程；

（4）从联立方程组解出故障点电流和电压的各序分量，将各相对应的各序分量相加，以求得故障点的各相电流和电压；

（5）计算各序电流和各序电压在网络中的分布，进而求得指定支路的各相电流和指定节点的各相电压。

（一）单相接地短路

单相接地短路时的系统等值接线如图 1–13 所示，这里设 a 相 K 点为金属性短路故障进行分析，故障处三相的边界条件如下：

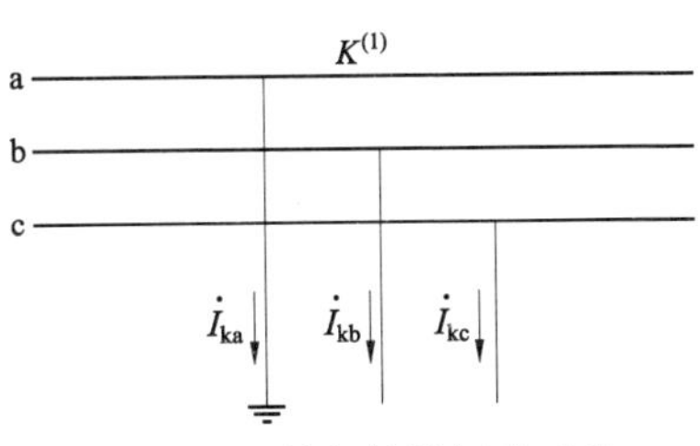

图 1–13　单相接地短路时的系统等值接线图

$$\begin{cases}\dot{I}_{kb}=\dot{I}_{kc}=0\\ \dot{U}_{ka}=0\end{cases} \tag{1-14}$$

用对称分量表示为（a 为基准相）：

$$\begin{cases}\dot{U}_{ka}=\dot{U}_{ka1}+\dot{U}_{ka2}+\dot{U}_{ka0}=0\\ \dot{I}_{kb}=\dot{I}_{ka0}+a^2\dot{I}_{ka1}+a\dot{I}_{ka2}=0\\ \dot{I}_{kc}=\dot{I}_{ka0}+a\dot{I}_{ka1}+a^2\dot{I}_{ka2}=0\end{cases} \tag{1-15}$$

即有：

$$\begin{cases}\dot{I}_{ka1}=\dot{I}_{ka2}=\dot{I}_{ka0}=\dfrac{1}{3}\dot{I}_{ka}\\ \dot{U}_{ka1}+\dot{U}_{ka2}+\dot{U}_{ka0}=0\end{cases} \tag{1-16}$$

根据单相接地短路时的边界条件［式（1–14）～式（1–16）］连接复合网，如图 1–14 所示。由复合网图可以写出各序分量：

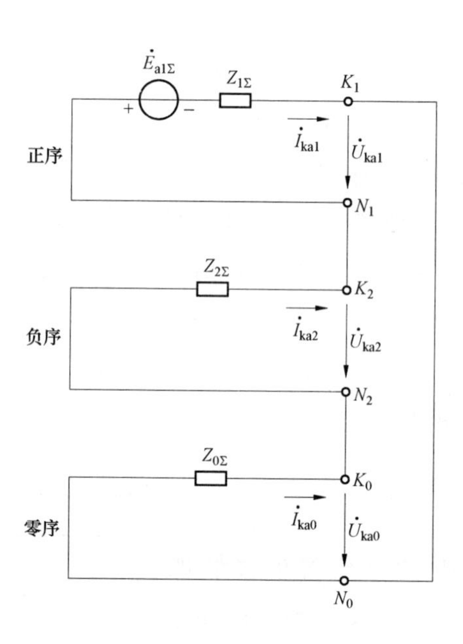

图 1–14　单相接地短路时的复合序网

$$
\begin{cases}
\dot{I}_{ka1} = \dfrac{\dot{E}_{a1\Sigma}}{Z_{1\Sigma} + Z_{2\Sigma} + Z_{0\Sigma}} = \dot{I}_{ka2} = \dot{I}_{ka0} \\
\dot{U}_{ka0} = -\dot{I}_{ka0} Z_{0\Sigma} = -\dot{I}_{ka1} Z_{0\Sigma} \\
\dot{U}_{ka2} = -\dot{I}_{ka2} Z_{2\Sigma} = -\dot{I}_{ka1} Z_{2\Sigma} \\
\dot{U}_{ka1} = -(\dot{U}_{ka2} + \dot{U}_{ka0}) \\
\quad = \dot{I}_{ka1}(Z_{2\Sigma} + Z_{0\Sigma}) \\
\quad = \dot{E}_{a1\Sigma} - \dot{I}_{ka1} Z_{1\Sigma}
\end{cases}
\tag{1–17}
$$

于是，可以用对称分量法得到短路点的各相电流、电压：

$$
\begin{cases}
\dot{I}_{ka} = \dot{I}_{ka1} + \dot{I}_{ka2} + \dot{I}_{ka0} = 3\dot{I}_{ka1} = 3\dot{I}_{ka0} \\
\dot{I}_{kb} = \dot{I}_{kc} = 0 \\
\dot{U}_{ka} = 0 \\
\dot{U}_{kb} = a^2 \dot{U}_{ka1} + a\dot{U}_{ka2} + \dot{U}_{ka0} \\
\quad = \dot{I}_{ka1}[(a^2 - a)Z_{2\Sigma} + (a^2 - 1)Z_{0\Sigma}] \\
\dot{U}_{kc} = a\dot{U}_{ka1} + a^2 \dot{U}_{ka2} + \dot{U}_{ka0} \\
\quad = \dot{I}_{ka1}[(a - a^2)Z_{2\Sigma} + (a - 1)Z_{0\Sigma}]
\end{cases}
\tag{1–18}
$$

单相接地时短路点电流、电压相量图如图 1–15 所示。为了方便分析，假定阻抗为纯电抗，电流滞后电压 90°（若不是纯电感电路，则电流与电压角度由 $Z_{2\Sigma} + Z_{0\Sigma}$ 的阻抗角决定，一般小于 90°）。在相量图中，将每相的序分量相加，可得各相电流、电压的大小和相位。

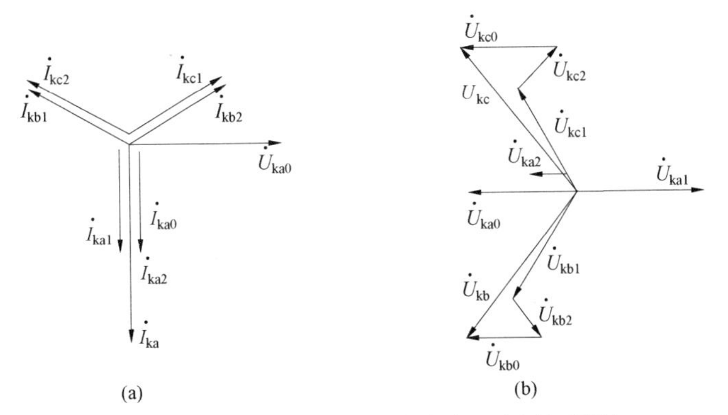

图 1–15　单相接地时短路点电流、电压相量图

（a）电流相量；（b）电压相量

经过分析可得单相接地短路的特点：

（1）短路点各序电流大小相等、方向相同；

（2）短路点正序电流大小与短路点原正序网络上增加一个附加阻抗 $Z_{\Delta}^{(1)}=Z_{2\Sigma}+Z_{0\Sigma}$ 而发生三相短路时的电流相等，即：

$$\dot{I}_{\mathrm{ka1}}=\frac{\dot{E}_{\mathrm{a1}\Sigma}}{Z_{1\Sigma}+Z_{2\Sigma}+Z_{0\Sigma}}=\frac{\dot{E}_{\mathrm{a1}\Sigma}}{Z_{1\Sigma}+Z_{\Delta}^{(1)}}$$

（3）短路点故障相电压等于 0。

（4）若 $\angle Z_{0\Sigma}=\angle Z_{2\Sigma}$，且两相非故障相的电压幅值总是相等，则相位差 θ_{u} 的大小取决于 $\frac{Z_{0\Sigma}}{Z_{2\Sigma}}$，如果 $0<\frac{Z_{0\Sigma}}{Z_{2\Sigma}}<\infty$，有 $60^{\circ}\leqslant\theta_{\mathrm{u}}\leqslant180^{\circ}$。

（二）两相短路

两相短路系统等值接线图如图 1–16 所示，这里取在 k 点发生 b，c 两相金属性短路进行分析，短路点的边界条件：

$$\dot{I}_{\mathrm{ka}}=0,\dot{I}_{\mathrm{kb}}=-\dot{I}_{\mathrm{kc}},\dot{U}_{\mathrm{kb}}=\dot{U}_{\mathrm{kc}} \tag{1–19}$$

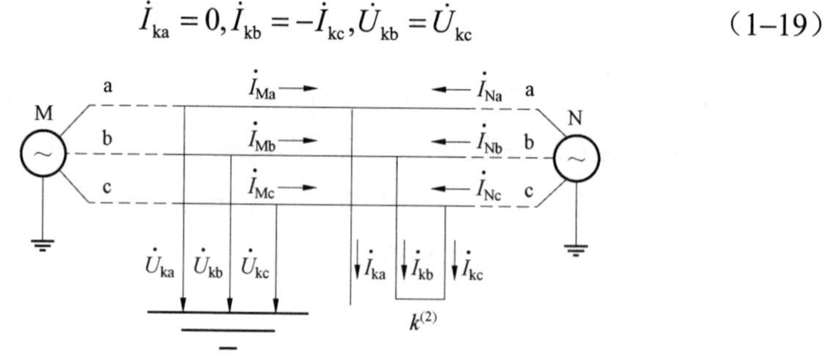

图 1–16　两相短路系统等值接线图

用对称分量表示为：

$$\begin{cases}\dot{I}_{\mathrm{ka1}}+\dot{I}_{\mathrm{ka2}}+\dot{I}_{\mathrm{ka0}}=0\\ a^{2}\dot{I}_{\mathrm{ka1}}+a\dot{I}_{\mathrm{ka2}}+\dot{I}_{\mathrm{ka0}}+a\dot{I}_{\mathrm{ka1}}+a^{2}\dot{I}_{\mathrm{ka2}}+\dot{I}_{\mathrm{ka0}}=0\\ a^{2}\dot{U}_{\mathrm{ka1}}+a\dot{U}_{\mathrm{ka2}}+\dot{U}_{\mathrm{ka0}}=a\dot{U}_{\mathrm{ka1}}+a^{2}\dot{U}_{\mathrm{ka2}}+\dot{U}_{\mathrm{ka0}}\end{cases} \tag{1–20}$$

于是有：

$$\dot{I}_{\mathrm{ka0}}=0,\dot{I}_{\mathrm{ka1}}+\dot{I}_{\mathrm{ka2}}=0,\dot{U}_{\mathrm{ka1}}=\dot{U}_{\mathrm{ka2}} \tag{1–21}$$

由式（1–21）可知，故障点不与大地相连，零序电流无通路，因此无零序网络。复合网络是正、负序网并联后的网络，如图 1–17 所示。

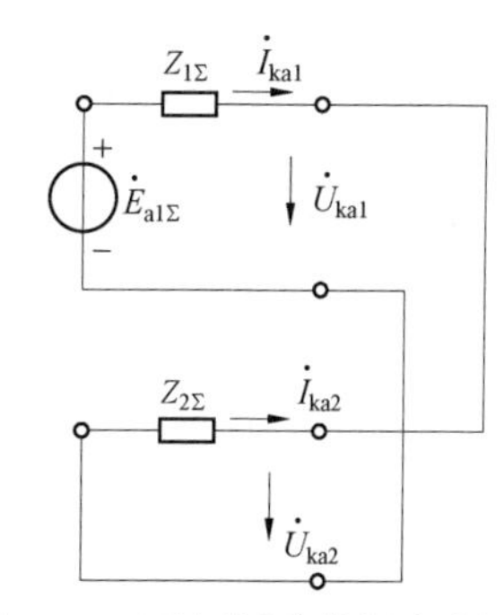

图 1–17　两相短路的复合序网图

从复合网络中可以直接求出电流、电压的各序分量：

$$\begin{cases}\dot{I}_{ka1}=-\dot{I}_{ka2}=\dfrac{\dot{E}_{\Sigma}}{Z_{2\Sigma}+Z_{1\Sigma}}\\ \dot{U}_{ka1}=\dot{U}_{ka2}=\dot{E}_{\Sigma}-\dot{I}_{ka1}Z_{2\Sigma}=\dot{I}_{ka1}Z_{2\Sigma}\end{cases}\tag{1–22}$$

由对称分量法可求得短路点各相电流和电压为：

$$\begin{cases}\dot{I}_{ka}=\dot{I}_{ka1}+\dot{I}_{ka2}=0\\ \dot{I}_{kb}=-\dot{I}_{kc}=a^2\dot{I}_{ka1}+a\dot{I}_{ka2}=(a^2-a)\dot{I}_{ka1}=-j\sqrt{3}\dot{I}_{ka1}\\ \dot{U}_{ka}=\dot{U}_{ka1}+\dot{U}_{ka2}+\dot{U}_{ka0}=2\dot{U}_{ka1}=2\dot{I}_{ka1}Z_{2\Sigma}\\ \dot{U}_{kb}=\dot{U}_{kc}=a\dot{U}_{ka2}+\dot{U}_{ka0}+a^2\dot{U}_{ka1}=-\dot{U}_{ka1}=-\dfrac{1}{2}\dot{U}_{ka}\end{cases}\tag{1–23}$$

短路点电压和电流的相量图如图 1–18 所示，其为纯电感电路，电流滞后电压 90°。

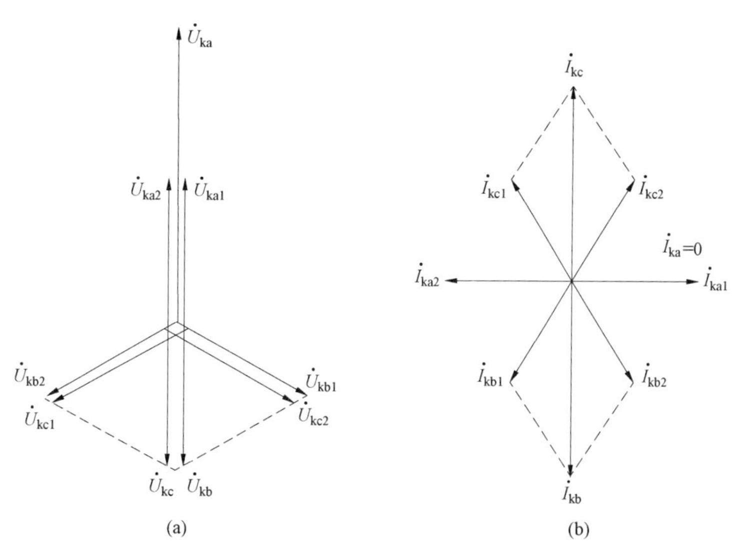

图 1–18　两相接地短路点电流和电压相量图

（a）电流相量；（b）电压相量

（三）两相短路接地

两相短路接地的系统等值接线图如图 1–19 所示，这里取 b，c 两相金属性短路进行分析。

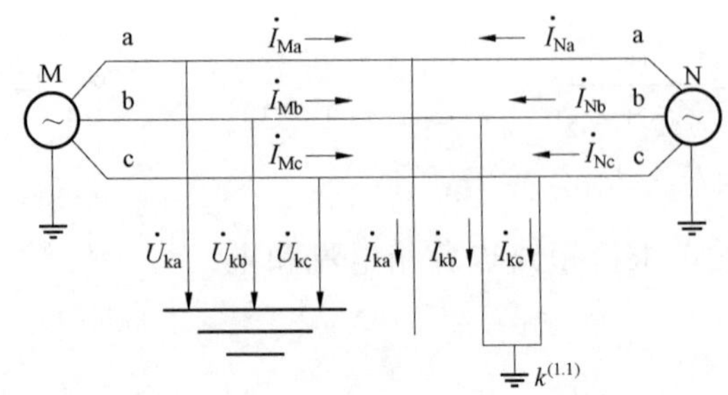

图 1–19　两相短路接地的系统等值接线图

短路点的边界条件为：

$$\dot{I}_{ka}=0,\dot{U}_{kb}=\dot{U}_{kc}=0 \tag{1–24}$$

用对称分量表示为：

$$\begin{cases}\dot{I}_{ka1}+\dot{I}_{ka2}+\dot{I}_{ka0}=0\\ \dot{U}_{ka1}=\dot{U}_{ka2}=\dot{U}_{ka0}=\dfrac{1}{3}\dot{U}_{ka}\end{cases} \tag{1–25}$$

由式（1–25）可以得出两相短路接地的复合序网图是由 3 个序网并联的，如图 1–20 所示。

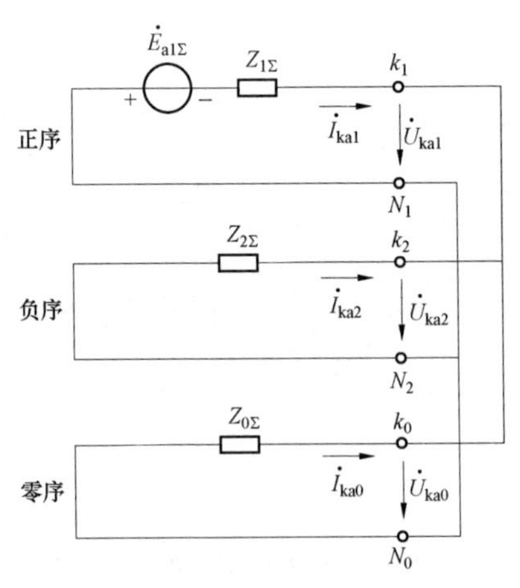

图 1–20　两相短路接地的复合序网图

根据复合序网可求出电流、电压各序分量：

$$\begin{cases}\dot{I}_{ka1}=\dfrac{\dot{E}_{a1\Sigma}}{Z_{1\Sigma}+\dfrac{Z_{2\Sigma}Z_{0\Sigma}}{Z_{2\Sigma}+Z_{0\Sigma}}}\\ \dot{I}_{ka2}=-\dot{I}_{ka1}\dfrac{Z_{0\Sigma}}{Z_{2\Sigma}+Z_{0\Sigma}}\\ \dot{I}_{ka0}=-\dot{I}_{ka1}\dfrac{Z_{2\Sigma}}{Z_{2\Sigma}+Z_{0\Sigma}}\\ \dot{U}_{ka1}=\dot{U}_{ka2}=\dot{U}_{ka0}=\dot{I}_{ka1}\left(\dfrac{Z_{2\Sigma}Z_{0\Sigma}}{Z_{2\Sigma}+Z_{0\Sigma}}\right)\end{cases}\tag{1-26}$$

用对称分量法合成各相电流、电压为：

$$\begin{cases}\dot{I}_{ka}=\dot{I}_{ka1}+\dot{I}_{ka2}+\dot{I}_{ka0}=0\\ \dot{I}_{kb}=a^2\dot{I}_{ka1}+a\dot{I}_{ka2}+\dot{I}_{ka0}=\dot{I}_{ka1}\left(a^2-\dfrac{Z_{2\Sigma}+aZ_{0\Sigma}}{Z_{2\Sigma}+Z_{0\Sigma}}\right)\\ \dot{I}_{kc}=a\dot{I}_{ka1}+a^2\dot{I}_{ka2}+\dot{I}_{ka0}=\dot{I}_{ka1}\left(a-\dfrac{Z_{2\Sigma}+a^2Z_{0\Sigma}}{Z_{2\Sigma}+Z_{0\Sigma}}\right)\\ \dot{U}_{ka}=\dot{U}_{ka1}+\dot{U}_{ka2}+\dot{U}_{ka0}=3\dot{U}_{ka1}=3\dot{U}_{ka2}=3\dot{U}_{ka0}\\ \dot{U}_{kb}=\dot{U}_{kc}=0\end{cases}\tag{1-27}$$

短路点流入大地的电流为：

$$\dot{I}_g=\dot{I}_{kb}+\dot{I}_{kc}=3\dot{I}_{ka0}=-3\dot{I}_{ka1}\frac{Z_{2\Sigma}}{Z_{2\Sigma}+Z_{0\Sigma}}\tag{1-28}$$

短路点电压、电流的相量图如图 1–21 所示，其为纯电感电路，电流滞后电压 90°。

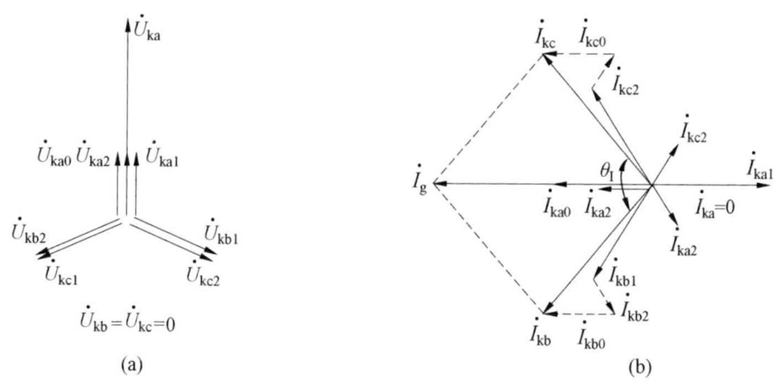

图 1–21　两相接地短路处的电压、电流相量图

（a）电压相量；（b）电流相量

（四）正序等效定则

所有不同类型短路的短路电流正序分量可以统一写成：

$$\dot{I}_{\mathrm{ka1}}^{(n)}=\frac{\dot{E}_{\mathrm{a1}\Sigma}}{Z_{1\Sigma}+Z_{\Delta}^{(n)}} \tag{1–29}$$

式中：$Z_{\Delta}^{(n)}$为附加电抗，上角（n）代表短路类型。

短路电流的绝对值与正序分量的绝对值成正比，即$I_{\mathrm{k}}^{(n)}=m^{(n)}I_{\mathrm{ka1}}^{(n)}$，其中$m^{(n)}$为比例系数，其值视短路类型而定，具体见表 1–4。

表 1–4　各种类型短路的阻抗和比例系数

短路类型$f^{(n)}$	$Z_{\Delta}^{(n)}$	$m^{(n)}$
两相短路接地$f^{(1,1)}$	$\dfrac{X_{\mathrm{k2}}X_{\mathrm{k0}}}{X_{\mathrm{k2}}+X_{\mathrm{k0}}}$	$\sqrt{3}\sqrt{1-\mathrm{j}\dfrac{X_{\mathrm{k2}}X_{\mathrm{fk0}}}{(X_{\mathrm{k2}}+X_{\mathrm{k0}})^2}}$
三相短路$f^{(3)}$	0	1
两相短路$f^{(2)}$	X_{k2}	$\sqrt{3}$
单相短路$f^{(1)}$	$X_{\mathrm{k2}}+X_{\mathrm{k0}}$	3

第二章

短路电流计算的工程应用

第一节　电力系统三相短路实用计算

一、起始次暂态电流的计算

有限容量电源系统突然发生三相短路时，发电机内部会发生电磁暂态过程。短路过程中发电机的电抗将从短路瞬间的次暂态值逐渐过渡到同步电抗值。同时，发电机定子感应空载电动势也会发生变化，短路电流周期分量的幅值从短路瞬间的某一初始瞬时值（起始次暂态电流）逐渐减小到最后的稳态电流。非周期分量和倍频周期分量将逐渐衰减至0。

短路电流计算一般指起始次暂态电流（即短路电流周期分量，也称基频分量的初始值）或稳态短路电流计算，对于其他任意时刻的短路电流工频周期分量有效值计算，工程上采用运算曲线方法。

为了便于计算，先给出短路电流计算中一些重要的简化步骤：

（1）对于接近短路点的大容量同步、异步电机，要作为提供起始次暂态电流的电源处理；

（2）对于接在短路点的综合负荷，可作为一台等值异步电动机，$X''=0.35$（以自身参数为基准的标幺值）；

（3）短路点以外的综合负荷，可近似用阻抗支路等值；

（4）远离短路点的负荷可略去不计；

（5）忽略线路对地电容和变压器的励磁支路；

（6）忽略元件电阻，低压线路、电缆等；

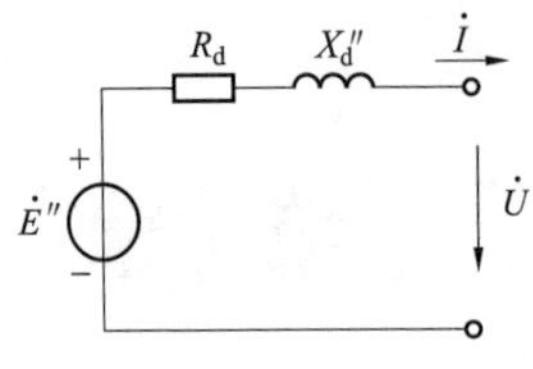

图 2-1　同步电机次暂态模型

（7）各电压级基准采用各自的平均额定电压。

求解次暂态电流，首先要进行次暂态电动势的求解，同步电机次暂态模型如图 2-1 所示。

（1）同步发电机的暂态电动势。已知同步发电机机端电压$U\angle 0^\circ$和次暂态电抗x_d''，以及发电机输出功率P+jQ，可以求出发电机的次暂态电动势$\dot{E}''=E''\angle\delta$，而：

$$\dot{E}''=\dot{U}+\mathrm{j}x_d''\dot{I}=U+\mathrm{j}x_d''\frac{P-\mathrm{j}Q}{U}$$
$$=U+\frac{Qx_d''}{U}+\mathrm{j}\frac{Px_d''}{U}=U+\Delta U+\mathrm{j}\delta U$$

于是，$E''=\sqrt{(U+\Delta U)^2+\delta U^2}$，$\delta=\arctan\dfrac{\delta U}{U+\Delta U}$。

若发电机机端电压为$U\angle\theta$，则

$$E''=\sqrt{(U+\Delta U)^2+\delta U^2}\text{，}\delta=\theta+\arctan\frac{\delta U}{U+\Delta U}$$

（2）异步发电机的暂态电动势。异步发电机可以看作只有阻尼绕组而没有励磁绕组的同步发电机，与它们交链的总磁链在短路瞬间不能突变。因此可以给出一个与转子阻尼绕组总磁链成正比的次暂态电动势$\dot{E}''$。另外，异步电动机次暂态电抗$X_d''=X_q''$。异步电机次暂态模型如图 2-2 所示。

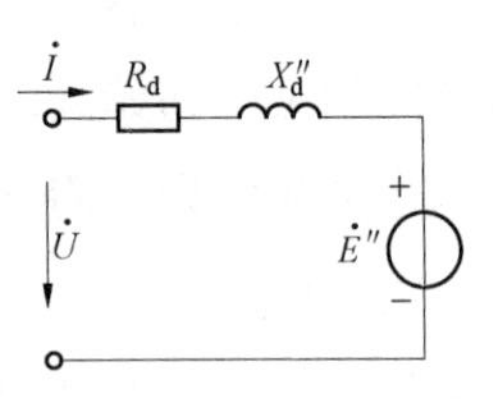

图 2-2　异步电机次暂态模型

（3）综合负荷的暂态电动势。若已知综合负荷的母线电压$U\angle 0^\circ$和次暂态电抗x_d''，以及综合负荷的功率 P+jQ，可以求出综合负荷的次暂态电动势$\dot{E}''=E''\angle\delta$。

$$\dot{E}''=\dot{U}-\mathrm{j}x_d''\dot{I}=U-\mathrm{j}x_d''\frac{P-\mathrm{j}Q}{U}$$
$$=U-\frac{Qx_d''}{U}-\mathrm{j}\frac{Px_d''}{U}=U-\Delta U-\mathrm{j}\delta U$$

于是，$E''=\sqrt{(U-\Delta U)^2+\delta U^2}$，$\delta=\arctan\dfrac{\delta U}{U-\Delta U}$。

若发电机机端电压为$U\angle\theta$，则

$$E'' = \sqrt{(U - \Delta U)^2 + \delta U^2}\ ,\quad \delta = \theta + \arctan\frac{\delta U}{U - \Delta U}$$

画出如图 2–3 所示的次暂态等值电路，就可以利用式（2–1）进行起始次暂态电流的计算了。

$$I''_{\mathrm{p}} = \frac{E''}{X''_{\mathrm{d}} + X} \tag{2–1}$$

式中：$X = X_{\mathrm{T}} + X_{\mathrm{L}}$。

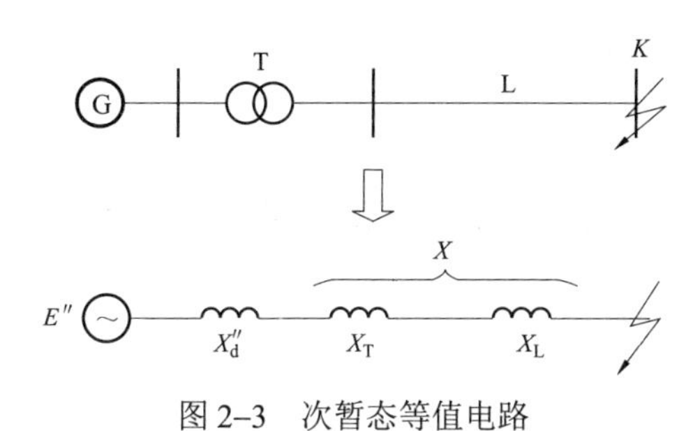

图 2–3　次暂态等值电路

二、应用计算曲线求任意时刻短路点的短路电流

为方便工程计算，一般采用概率统计方法绘制出一种短路电流周期分量随时间和短路点距离而变化的曲线。计算曲线法就是这种应用计算曲线确定任意时刻短路电流周期分量有效值的方法。该方法中的计算电抗是归算到发电机额定容量的组合电抗 X_{k} 的标幺值和发电机次暂态电抗的额定标幺值之和，记为 X_{js}，即 $X_{\mathrm{js}} = X''_{\mathrm{d}} + X_{\mathrm{k}}$。

应用计算曲线求任意时刻短路点的短路电流的具体计算步骤如下：

（1）作等值网络：选取网络基准功率和基准电压（一般选取 S_{B}=100MVA，U_{B}=U_{av}），U_{av} 对应不同电压等级的基准电压。计算网络各元件在统一基准下的标幺值，发电机采用次暂态电抗，负荷略去不计。

（2）进行网络变换：求各等值发电机对短路点的转移电抗 X_{ik}。

（3）求计算电抗：将各转移电抗按各等值发电机的额定容量归算为计算电抗 $X_{\mathrm{js(i)}}$，即 $X_{\mathrm{js(i)}} = X_{\mathrm{ik}}\dfrac{S_{\mathrm{Ni}}}{S_{\mathrm{B}}}$。

（4）求 t 时刻短路电流周期分量的标幺值：根据各计算电抗 $X_{\mathrm{js(i)}}$ 和指定时

刻 t，从相应的计算曲线或对应的表格中查出各等值发电机提供的短路电流周期分量的标幺值 $I_{t(i)*}$，对无限大功率系统，取母线电压 $U_*=1$。

（5）计算短路电流周期分量：

标幺值为 $I_{Dt(i)*}=I_{t(i)*}\dfrac{S_{Ni}}{S_B}$，

有名值为 $I_{Dt(i)}=I_{Dt(i)*}\dfrac{S_B}{\sqrt{3}U_{av}}$。

或者，直接计算有名值为 $I_{Dt(i)}=I_{t(i)*}\dfrac{S_{Ni}}{\sqrt{3}U_{av}}$。

第二节　短路电流计算标准与常用计算软件

一、短路电流计算标准

目前，国际上短路电流计算的相关标准主要有国际电工委员会（IEC）和电气和电子工程师协会（IEEE）制定的两个系列，许多国家和企业以此为基础并结合实际情况制定了自己的国家标准、行业标准和企业标准。

中国以 IEC 60909 系列标准为基础，结合具体应用领域的实际情况，制定了详细的短路电流计算相关标准，主要有：

GB/T 15544—2013《三相交流系统短路电流计算　第 1 部分：电流计算》

DL/T 559—2007《220kV～750kV 电网继电保护装置运行整定规程》

NB/T 35043—2014《水电工程三相交流系统短路电流计算导则》

Q/GDW 156—2006《城市电力网规划设计导则》

Q/GDW 404—2010《国家电网安全稳定计算技术规范》

表 2-1 为短路电流计算标准主要内容的对比，表中基于方案的方法是指采用不基于潮流的方法进行短路电流计算。从计算的基本原理看，所有相关标准都是通过计算获取电网故障点到电源之间的阻抗来查找或计算短路电流的。它们之间的差别主要体现在对计算影响因素的处理。

表 2-1　　　　　　　　短路电流计算标准主要内容的对比

项目	国际标准			国家标准	行业标准	企业标准
	IEC 60909		IEEE Std 399—1997	GB/T 15544.1—2013	DL/T 559—2007	Q/GDW 404—2010
标准名称	《三相交流系统短路电流计算》		《电力系统分析的推荐实施方案》	《三相交流系统短路电流计算　第 1 部分：电流计算》	《220kV～750kV 电网继电保护装置运行整定规程》	《国家电网安全稳定计算技术规范》
计算方法	推荐采用等效电压源法，也可采用其他更为精确的方法		推荐采用等效电压源法	推荐采用等效电压源法，不排除其他更为精确的方法	类似等效电压源法的计算方法	类似等效电压源法扫描，对于超标的站点用基于潮流的方法重新校核
计算方法	理想电压源取 $1.1U_{N}/\sqrt{3}$，为唯一有源元件，并采用修正因子		理想电压源取 $1.1U_{N}/\sqrt{3}$，为唯一有源元件，并采用补偿因子	唯一有源元件为理想电压源，取值为 $(1\sim1.1)U_{N}/\sqrt{3}$	发电机内电动势取 1 标幺值，相位差为 0，采用实际计算得到开路电压	在基于方案的方式下等效电压源取为短路点可能运行的最高电压
计算条件	发电机内电动势	置 0	置 0	置 0	1p.u.	在基于方案的方式下发电机内电动势置 0
计算条件	变压器变比	额定变比	可变	额定变比	额定变比	对运行中已确定挡位的采用实际变比，其他用额定变比
计算条件	线路电容	忽略	考虑	忽略	忽略	考虑
计算条件	无功补偿装置	忽略	忽略	忽略	忽略	忽略低压无功补偿，只考虑线路高压并联电抗器
计算条件	静止负荷	忽略	忽略	忽略	忽略	考虑
计算条件	电动机负荷	考虑	考虑	考虑	忽略	考虑
计算条件	电阻	考虑	考虑	考虑	忽略	考虑

为了适应电网的不同运行方式，IEC 60909 引入了电压修正、发电机无单元变压器接线的阻抗修正、发电机—变压器组中的发电机和变压器阻抗修正、网络变压器的阻抗修正。引入修正系数有助于简化计算方法，并使最大或最小短路电流的计算结果可能符合实际，这也是 IEC 短路电流计算标准应用很广的重要原因之一。

IEEE Std 399—1997 和 IEEE 551—2006 等标准也推荐采用等效电压源法，但是电压初值的处理、修正因子的求法均和 IEC 标准有所不同。等效电压源的电压初值等于故障处故障前电压，一般取 1.0p.u.，另外，根据短路电流的衰减程度，选用不同的阻抗补偿系数。

一般来说，根据 IEC 标准计算得到的短路电流比根据 ANSI/IEEE 标准得到的结果大，这两种标准的区别如下：

（1）IEC 标准中，短路电流周期分量的衰减模式与短路点附近的发电机有关；而 ANSI/IEEE 标准采用统一的衰减模式。

（2）IEC 标准的短路电流计算考虑励磁系统的影响，而 ANSI/IEEE 标准不予考虑。

从计算方法看，IEC 标准、ANSI/IEEE/UL 标准、我国国家标准推荐采用等效电压源法，行业标准及企业标准采用类似等效电压源法的方法，英国电力工业界制定了行业标准 ERG74，推荐基于潮流的方法。在处理理想电压源的时候，上述方法有如下区别：

（1）IEC 60909 引进了电压系数的概念，电压源相当于取为 $1.1U_{\rm N}$；

（2）DL/T 559—2007 中采用的理想电压源为将发电机电动势标幺值假定等于 1 后计算出的值；

（3）企业标准中规定采用等效电压源法做短路电流的初步扫描，等效电压源取为短路点可能的最高电压。

从计算条件看，DL/T 559—2007 规定计算开路电压的前提条件是发电机内电动势取 1.0p.u.，相位差为 0，其他标准都假设唯一有源元件为理想电压源，而将发电机内电动势取 0；DL/T 559—2007 忽略线路电阻和电动机负荷，其他标准都可以选择是否考虑线路电阻和电动机负荷；Q/GDW 404—2010 提出可以考虑线路高压并联电抗器和静止负荷，其他标准都忽略线路高压并联电抗器和静止负荷；Q/GDW 404—2010 和 IEEE Std 399—1997 在处理变压器变比时，对运行中较为明确的采用实际变比，其他标准都采用额定变比；Q/GDW 404—2010 和 IEEE Std 399—1997 都考虑线路电容，其他标准都忽略线路电容。

为统一规范华东电网短路电流计算原则和方法，加强电网短路电流水平的计算、运行和管理，保障电力系统安全稳定运行，结合华东电网的现状和发展要求，制定了 Q/GDW—08 标准（详见附录 A），该标准引用到的标准有：

GB 1984—2014《高压交流断路器》

GB/T 15544.1—2013《三相交流系统短路电流计算　第 1 部分：电流计算》

NB/T 35043—2014《水电工程三相交流系统短路电流计算导则》

DL/T 559—2007《220kV～750kV 电网继电保护装置运行整定规程》

IEC 60909-0—2001《三相交流系统短路电流计算：短路电流计算方法》

二、不同短路电流计算方法

不同短路电流计算方法的区别在于采用的不同假设条件引起的短路故障点等值电动势和等值阻抗不同。

目前，国内工程应用比较常用的短路电流计算方法有以下 5 种：

（1）方法 1。基于潮流方式的短路电流计算，考虑发电机电动势、负荷电流、对地支路、并联补偿及变压器非标准变比的影响，此时，计算得到的是精确的短路电流 $\dot{I}_{\mathrm{f}}=\dot{U}_{\mathrm{f0}}/Z_{\mathrm{eqA}}$ ，其中，$\dot{U}_{\mathrm{f0}}$ 为故障前故障点的实际运行电压。

（2）方法 2。基于经典假设条件的短路电流计算，即不以潮流方式为基础，采用潮流计算时的基础数据，忽略系统中所有对地支路的影响，即不考虑线路的充电电容，变压器非标准变比取 1.0，不考虑并联补偿的影响，所有节点电压取 1p.u.，忽略负荷电流的影响，此时，短路电流为 $\dot{I}_{\mathrm{f}}=1.0/Z_{\mathrm{eqB}}$ 。

（3）方法 3。不以潮流方式为基础，采用潮流计算时的基础数据，考虑负荷及所有对地支路和非标准变比的影响，所有节点电压取 1p.u.，此时，短路电流为 $\dot{I}_{\mathrm{f}}=1.0/Z_{\mathrm{eqA}}$ 。

（4）方法 4。不以潮流方式为基础，采用潮流计算时的基础数据，忽略负荷，考虑所有对地支路和非标准变比的影响，所有节点电压取 1p.u.，此时，短路电流为 $\dot{I}_{\mathrm{f}}=1.0/Z_{\mathrm{eqC}}$ 。

（5）方法 5。不以潮流方式为基础，采用潮流计算时的基础数据，忽略负荷，考虑所有对地支路和非标准变比的影响，所有发电机电动势取 1p.u.，此时，短路电流为 $\dot{I}_{\mathrm{f}}=\dot{U}_{0}/Z_{\mathrm{eqC}}$，其中，$\dot{U}_{0}$ 为所有发电机电动势取 1.0 后的故障点开路电压。

对于图 2-4 所示的简单电力系统，以上 5 种计算方法的等效电路分别如图 2-5～图 2-9 所示。

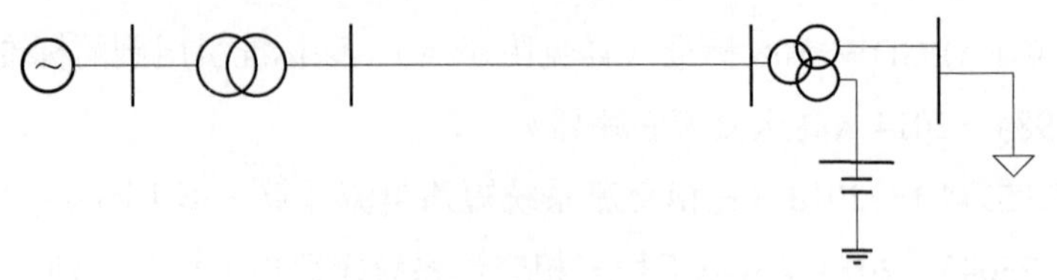

图 2–4　简单电力系统

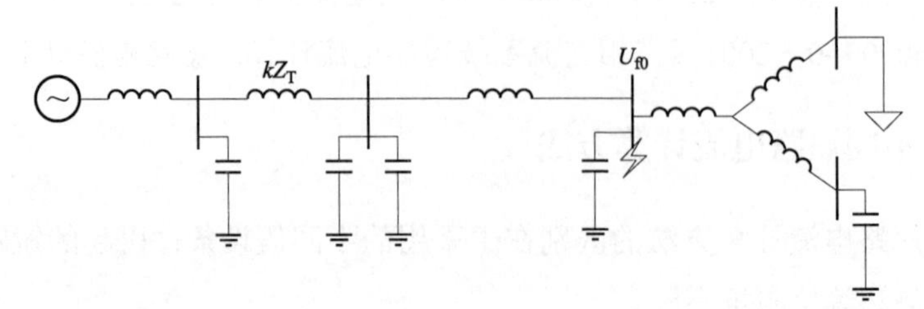

图 2–5　方法 1

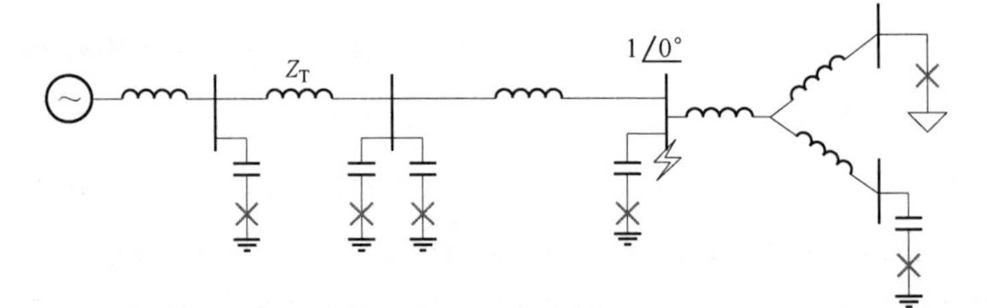

图 2–6　方法 2

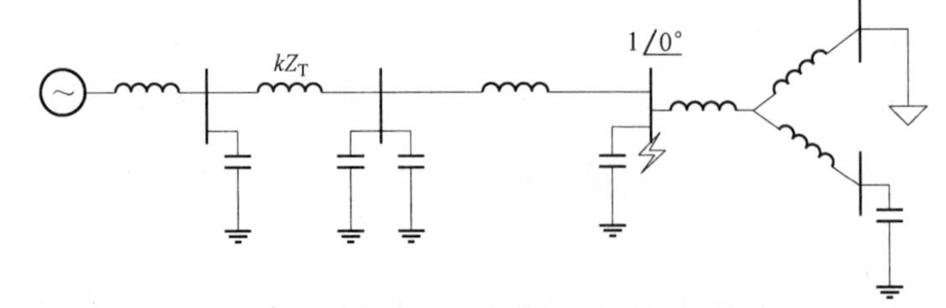

图 2–7　方法 3

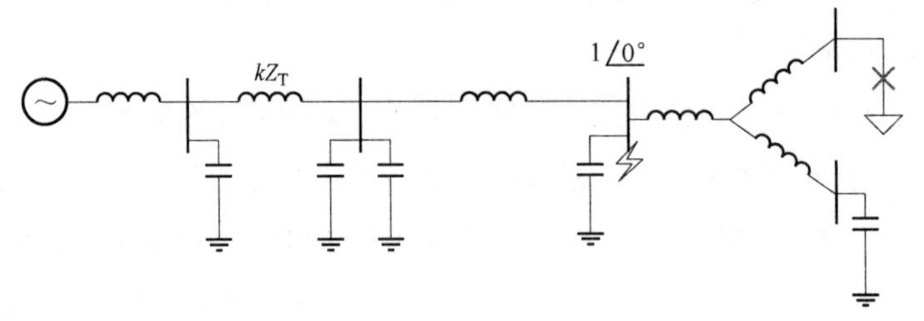

图 2–8　方法 4

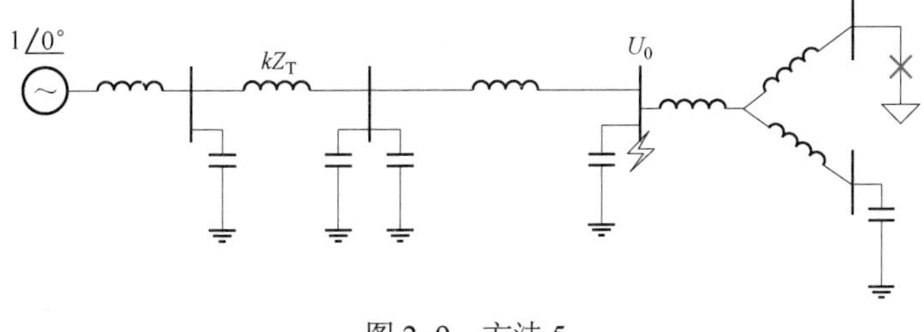

图 2–9　方法 5

以上 5 种短路电流计算方法的区别如下：

（1）方法 1 采用的是考虑所有系统元件的短路阻抗，开路电压取故障点故障前的实际运行电压，因此方法 1 计算结果最接近实际短路电流。

（2）方法 4 计算时采用的短路阻抗不考虑负荷，且开路电压取 1.0p.u.，因此，短路阻抗偏大，短路电流偏小，原因如下：

对于图 2–10 所示的简单系统算例，由于一般系统负荷与充电电容是基本补偿的，因此可近似认为 $X_L = X_C$，这样采用方法 1 计算得到的母线 2 精确短路电流为：

$$I_f = \frac{1}{X_1 + X_2} \tag{2–2}$$

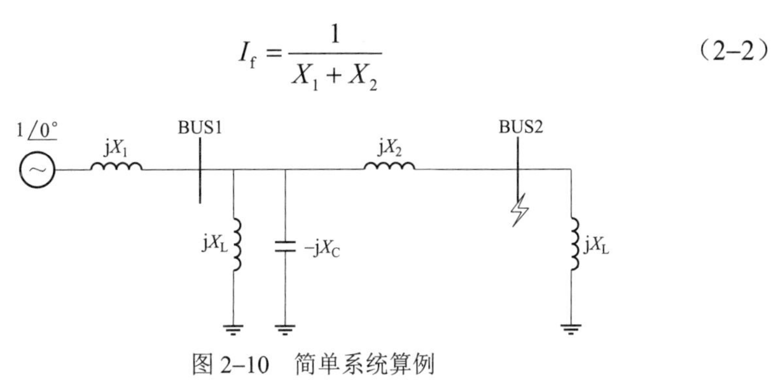

图 2–10　简单系统算例

而采用方法 4 得到的母线 2 短路电流为：

$$I_f = \left|\frac{1}{jX_2 + jX_1//(-jX_C)}\right| = \left|\frac{X_C - X_1}{X_C(X_1 + X_2) - X_1X_2}\right| < \left|\frac{X_C - X_1}{X_C(X_1 + X_2) - X_1^2 - X_1X_2}\right|$$

$$= \frac{1}{X_1 + X_2} \tag{2–3}$$

由以上分析可知式（2–3）计算结果一定小于式（2–2），因此，采用方法 4

计算短路电流通常会导致计算结果明显偏小。

（3）采用方法 5 计算得到的短路阻抗较方法 1 偏大，由于方法 5 开路电压偏大的更多，导致短路电流计算结果也偏大较多，原因如下：

对于图 2–10 所示简单系统，采用方法 5 得到的母线 2 短路电流为：

$$I_{\mathrm{f}}=\left|\frac{1}{\mathrm{j}X_1+\mathrm{j}X_2//(-\mathrm{j}X_{\mathrm{C}})}\cdot\frac{-\mathrm{j}X_C}{\mathrm{j}(X_2-X_{\mathrm{C}})}\right|=\left|\frac{X_{\mathrm{C}}}{X_{\mathrm{C}}(X_1+X_2)-X_1X_2}\right| \quad (2–4)$$

显然式（2–4）结果大于式（2–2），因此采用方法 5 计算短路电流通常会使结果明显偏大。

（4）方法 3 计算时采用的短路阻抗与方法 1 完全相同，只是开路电压取 1.0p.u.，而不是故障前故障点的实际运行电压，因此计算结果比较精确，但计算结果会受负荷水平等运行方式影响。

（5）方法 2 计算时采用的短路阻抗不考虑负荷、对地支路、并联补偿及变压器非标准变比，且开路电压取 1.0p.u.，计算结果比较精确，且计算结果与负荷水平等运行方式无关，比较实用方便。

以上 5 种短路电流计算方法比较见表 2–2。

表 2–2　　各种短路电流计算方法比较

计算方法	计算精度	计算结果是否与运行方式相关
1	精确	受运行方式影响
2	较精确	不受运行方式影响
3	较精确	受运行方式影响
4	偏小	受运行方式影响
5	偏大	受运行方式影响

三、常用短路电流计算软件

目前，国际上包含短路电流计算功能的仿真软件主要有：美国联邦政府能源部邦那维尔电力局（Bonneville Power Administration）的 BPA 程序、德国西门子 PTI 公司的 PSS/E 程序；法国电力公司（EDF）的 ARENA 程序；美国电力科学研究院（EPRI）的 PSAPAC/LTSP 程序；美国通用电气公司（GE）和日本东京电力公司（TEPCO）的 EXTAB 程序；德国西门子公司的电力系统仿真软件 NETOMAC 和配电设计选型软件 SIMARIS；ABB 公司的 NEPLAN 程序；捷克电力公司的 MODSE；中国电力科学研究院开发的 PSD–BPA 和 PSASP 程序等，下面主要介绍 PSD–BPA、PSASP 和 PSS/E 3 种国内应用较为普遍的短路电流典型计算程序。

PSD–BPA 短路电流计算程序提供了基于方案和潮流 2 种不同的计算方法，对于基于方案的计算方法，PSD–BPA 短路电流计算程序采用类似等效电压源法，计算由等值点和大地看进去的全系统戴维南等值阻抗，直接取母线基准电压 1.0p.u.作为短路点开路电压，求取短路电流。

PSASP 短路电流计算程序提供了基于方案和潮流 2 种不同的计算方法。对于基于方案的计算方法，PSASP 短路电流计算程序采用等效电压源法，计算由等值点和大地看进去的全系统戴维南等值阻抗，假定发电机内电动势 E''=1p.u.，计算得到短路点开路电压，再用开路电压除以等值阻抗得到短路点的短路电流。

PSS/E 的短路电流计算程序包括基于方案、潮流的计算方法。PSS/E 中基于方案的计算方法基本符合 IEC 60909 标准中的等效电压源法。经典计算条件包括：节点电压设置为 1p.u.，不考虑相角差，变压器变比为 1.0，不计负荷效应、线路充电电容、并联补偿，用户也可自行设置计算条件。华东电网使用 PSS/E 软件进行短路电流计算，PSS/E 在世界范围内有很多用户，尤其在美国得到广泛使用。PSS/E 是一个集成化的交互式软件，主要用于电力系统仿真计算，界面友好，可与多种输出设备相连，输入输出可根据用户要求进行设计，其优化的数值计算方法，丰富的电力系统模型，灵活的人机交互，使得该程序能够完成电力系统的大多数仿真计算。

分析 BPA、PSASP 和 PSS/E 3 种计算程序短路电流计算结果的差别，可以为制定统一规范的互联电网短路电流计算提供依据。

（一）考核算例

为分析各程序短路电流计算结果的差异，以某 500/230kV 系统为考核算例，如图 2–11 所示，系统中包含 6 个发电厂，8 个 500kV 变电站（含开关站）、9 个 230kV 变电站。

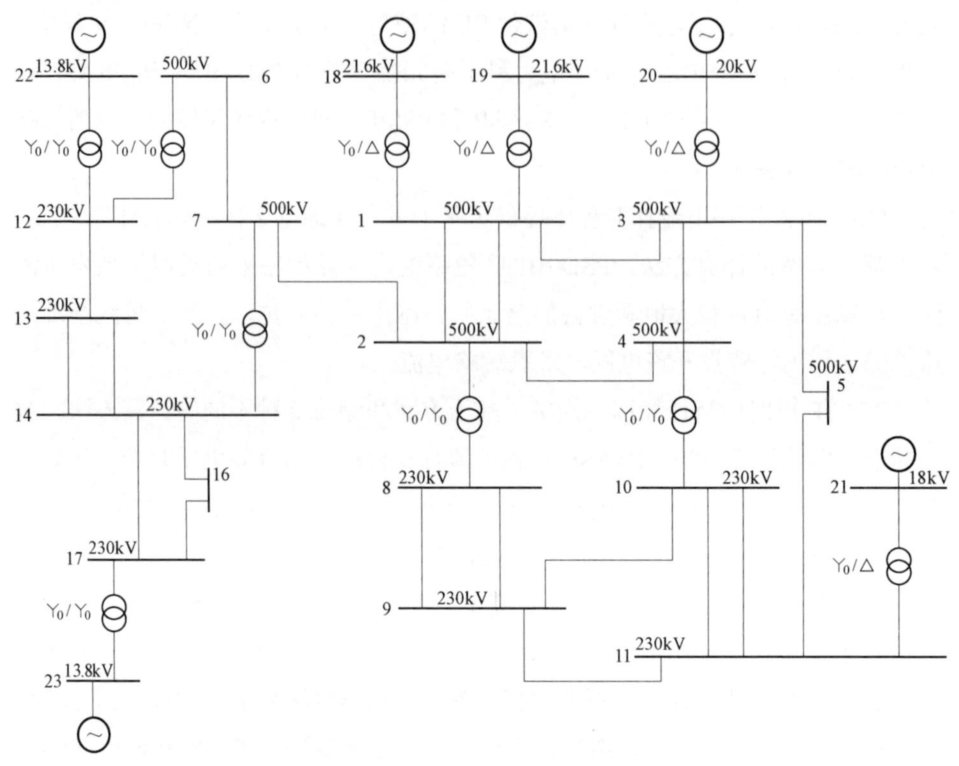

图 2–11　某电网一次接线图

（二）基于潮流方式的短路电流计算（方法 1）

对于基于潮流的短路电流计算结果比较，要求三个程序的潮流计算结果完全一致，否则，比较就毫无意义。经过比较计算，三个程序的潮流计算结果完全吻合，考核算例的潮流如图 2–12 所示。

1. 对称故障比较

BPA、PSASP 和 PSS/E 基于潮流的全网所有 500kV 和 230kV 节点的母线三相故障短路电流计算结果见表 2–3。由表 2–3 可知，三种程序计算结果完全吻合，其误差是属于计算过程的舍入误差。

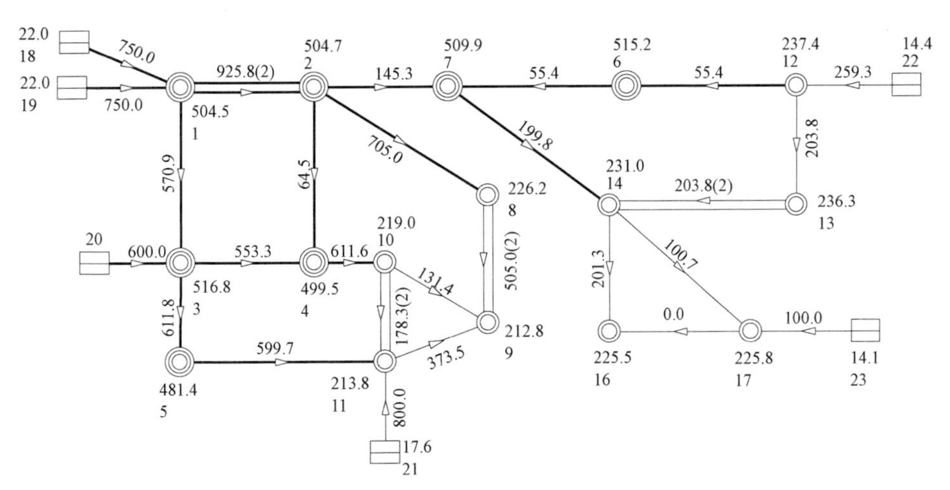

图 2–12　考核算例基本方式潮流图

表 2–3　　基于潮流的对称故障短路电流比较　　kA

母线号	BPA	PSASP	PSS/E
1	8.945	8.94	8.944 6
2	6.933	6.93	6.933
3	7.504	7.50	7.503 8
4	6.363	6.36	6.363 1
5	5.132	5.13	5.131 5
6	3.364	3.36	3.364 1
7	4.195	4.19	4.195 1
8	13.349	13.35	13.348 5
9	14.971	14.97	14.970 4
10	11.945	11.94	11.944 7
11	16.302	16.30	16.301 3
12	9.517	9.52	9.517 2
13	8.404	8.40	8.403 3
14	8.098	8.10	8.097 5
16	5.432	5.43	5.432 1
17	5.132	5.13	5.131 7

2. 不对称故障比较

BPA、PSASP 和 PSS/E 基于潮流的全网所有 500kV 和 230kV 节点的母线单相故障短路电流计算结果见表 2–4。由表 2–4 可知，BPA 和 PSS/E 的母线单相短路故障结果完全吻合，但与程序 PSASP 的计算结果不一致，原因是 PSASP 程序在计算不对称短路电流时，负荷的负序阻抗取为 0.35 倍负荷正序阻抗，而 BPA 和 PSS/E 忽略负荷的负序阻抗的影响。

表 2–4　　基于潮流的不对称故障短路电流比较　　kA

母线号	BPA	PSASP	PSS/E
1	10.93	11.48	10.918 7
2	5.84	6.35	5.875 2
3	8.09	8.57	8.086 3
4	5.47	5.89	5.474
5	5.17	5.59	5.166 5
6	3.83	3.97	3.826 8
7	3.69	3.91	3.692 1
8	11.29	12.30	11.423 1
9	14.52	17.19	14.524
10	10.44	11.56	10.448
11	18.17	22.18	18.154
12	12.20	12.81	12.197 3
13	9.99	10.53	9.986 4
14	7.55	8.22	7.555 1
16	4.64	5.09	4.640 1
17	5.06	5.63	5.064

（三）基于经典假设条件的短路电流计算（方法 2）

1. 对称故障比较

BPA、PSASP 和 PSS/E 基于经典假设条件的全网所有 500kV 和 230kV 节点的母线三相故障短路电流计算结果见表 2–5。由表 2–5 可知，三者结果完全吻合，其误差是属于计算过程的舍入误差。应当说明，计算时不具备快速设置经典假设条件功能的 BPA 版本和 PSASP 必须删除数据文件中所有对地支路，而 PSS/E 进行简单的设置就可以采用经典假设条件计算。

表 2–5　基于经典假设条件的对称故障短路电流比较　kA

母线号	BPA	PSASP	PSS/E
1	8.740	8.74	8.739 7
2	6.834	6.83	6.833 7
3	7.499	7.50	7.499 1
4	6.212	6.21	6.212
5	4.973	4.97	4.972 7
6	3.222	3.22	3.222
7	4.054	4.05	4.054
8	12.864	12.86	12.863 9
9	13.607	13.61	13.606 3
10	11.300	11.30	11.299 7
11	14.713	14.71	14.712 2
12	9.057	9.06	9.056 7
13	8.007	8.01	8.006 6
14	7.641	7.64	7.641 2
16	5.107	5.11	5.107 1
17	4.815	4.81	4.814 8

2. 不对称故障比较

BPA、PSASP 和 PSS/E 基于经典假设条件的全网所有 500kV 和 230kV 节点的母线单相故障短路电流计算结果见表 2–6。由表 2–6 可知，三者计算结果完全吻合。

表 2–6　基于经典假设条件的不对称故障短路电流比较　kA

母线号	BPA	PSASP	PSS/E
1	10.74	10.75	10.749 7
2	6.14	6.14	6.145
3	8.09	8.09	8.088
4	5.55	5.57	5.572 2
5	5.15	5.15	5.151 6
6	3.68	3.68	3.679 5
7	3.67	3.68	3.677 9

续表

母线号	BPA	PSASP	PSS/E
8	11.60	11.70	11.700 5
9	13.90	13.91	13.913 5
10	10.44	10.46	10.455 5
11	16.95	16.96	16.964 9
12	11.64	11.64	11.641 3
13	9.56	9.56	9.562 6
14	7.38	7.38	7.378 9
16	4.53	4.53	4.530 7
17	4.88	4.88	4.881 7

（四）基于非潮流的短路电流计算（方法 3～5）

BPA 和 PSASP 提供了非潮流方式的短路电流计算，采用与潮流计算时相同的数据，考虑所有对地支路的影响。表 2–7 和表 2–8 给出了基于非潮流的对称短路电流和不对称短路电流计算结果，从表中可以看出，不管 BPA 程序中是否考虑负荷功率的影响，计算结果都与 PSASP 不一致，原因是 BPA 是根据节点的等值阻抗 Z_{eq} 计算短路电流的，短路电流为 $1/Z_{eq}$，而 PSASP 直接忽略负荷功率的影响，将所有发电机的内电动势取为 1p.u.，重新计算母线处的等值电动势不等于 1p.u.。

表 2–7　　基于非潮流的对称故障短路电流比较　　kA

母线号	BPA		PSASP（方法 5）
	考虑负荷（方法 3）	不考虑负荷（方法 4）	
1	8.733	7.607	9.57
2	6.678	5.191	7.35
3	7.114	5.957	8.08
4	6.187	4.819	6.85
5	5.164	4.009	5.71
6	3.252	3.055	3.75
7	4.074	3.566	4.74

续表

母线号	BPA		PSASP（方法 5）
	考虑负荷（方法 3）	不考虑负荷（方法 4）	
8	13.184	10.196	14.40
9	15.286	10.071	14.64
10	12.088	8.948	12.87
11	16.579	10.981	15.71
12	9.185	8.589	10.30
13	8.145	7.562	9.22
14	8.001	6.991	8.98
16	5.503	4.810	6.15
17	5.195	4.561	5.6

表 2–8　　基于非潮流的不对称故障短路电流比较　　kA

母线号	BPA		PSASP（方法 5）
	考虑负荷（方法 3）	不考虑负荷（方法 4）	
1	10.70	9.53	12.00
2	5.70	4.88	6.96
3	7.71	6.75	9.16
4	5.38	4.60	6.56
5	5.25	4.38	6.23
6	3.70	3.53	4.33
7	3.60	3.31	4.41
8	11.28	9.63	13.68
9	15.08	11.13	16.19
10	10.72	8.82	12.71
11	18.69	13.37	19.14
12	11.78	11.11	13.33
13	9.69	9.12	11.13
14	7.48	6.85	8.81
16	4.71	4.34	5.55
17	5.14	4.68	5.95

第三章

短路电流计算的影响因素

第一节　短路电流的变化过程

图 3–1 为简单的无限大功率电源供电系统三相电路在 f 点突然发生三相短路的暂态过程，图中的电源为无限大三相对称电源。

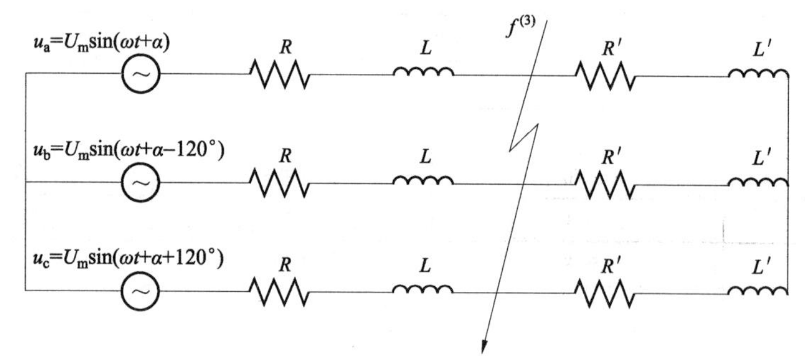

图 3–1　无限大功率电源供电的三相短路

无限大功率电源是一种假想的理想电源，它的特点是：

（1）电源的功率为无穷大，当外电路发生任何变化时，系统频率不发生变化，即系统频率恒定。

（2）内阻抗为 0，电源内部无电压降，电源的端电压恒定。

实际上真正的无限大功率电源是不存在的，它只不过是一种近似的处理手段。通常用供电电源的内阻抗与短路回路总阻抗的相对大小来判断能否将电源看成是无限大功率电源。一般认为，当供电电源的内阻抗小于短路回路总阻抗的 10%时，可以将供电电源简化为无限大功率电源。在这种情况下，外电路发生短路时，可以近似认为电源的电压幅值和频率保持恒定。一般在配电系统中发生短路时，通常将输电系统看成是带有一定阻抗的无限大功率电源。

一、暂态过程分析

为了分析图 3–1 中发生三相短路后的短路电流，首先分析短路前的稳态运行情况。设三相短路发生在 $t=0$ 时刻，这时无限大功率电源 a 相电动势的相位为 α，本章用下标 (0) 表示短路前各有关电气量的取值。由图 3–1 可知，短路前 a 相的电流为：

$$i_{\mathrm{a}}=I_{\mathrm{m}(0)}\sin(\omega t+\alpha-\varphi_{(0)}) \tag{3–1}$$

式中：$I_{\mathrm{m}(0)}$ 为短路前稳态电流 $I_{\mathrm{m}(0)}=\dfrac{U_{\mathrm{m}}}{\sqrt{(R+R')^2+\omega^2(L+L')}}$；$\varphi_{(0)}$ 为短路前阻抗角，$\varphi_{(0)}=\arctan\dfrac{\omega(L+L')}{R+R'}$。

突然发生三相短路后，网络被分割成两个独立的部分。短路点的右侧成为一个无源电路，电流将从短路瞬间的数值开始逐渐衰减到 0，左侧为由无限大电源供电的三相电路，其阻抗由原来的 $(R+R')+\mathrm{j}\omega(L+L')$ 突然减小为 $R+\mathrm{j}\omega L$。短路后的暂态过程分析和计算便是针对这一有源电路的。

由于短路后的电路仍然是三相对称的，因此只需分析其中一相的暂态过程，以 a 相为例，电流的变化取决于微分方程：

$$L\frac{\mathrm{d}i_{\mathrm{a}}}{\mathrm{d}t}+Ri_{\mathrm{a}}=U_{\mathrm{m}}\sin(\omega t+\alpha) \tag{3–2}$$

式（3–2）是一个一阶常系数非齐次线性常微分方程，其全部解由特解和通解两部分构成。式（3–2）特解为：

$$i_{\mathrm{pa}}=\frac{U_{\mathrm{m}}}{Z}\sin(\omega t+\alpha-\varphi)=I_{\mathrm{m}}(\omega t+\alpha-\varphi) \tag{3–3}$$

它实际上是短路电流的稳态分量，其中：$Z=\sqrt{R^2+(\omega L)^2}$；$\varphi=\arctan\dfrac{\omega L}{R}$。

式（3--2）通解为：

$$i_{\alpha\mathrm{a}}=\mathrm{C}e^{-\frac{t}{\tau}} \tag{3–4}$$

式中：τ为时间常数，$\tau=\dfrac{L}{R}$；C为积分常数。

通解实际上是短路电流的自由分量，因电感中的电流不能突变，其起始值为C，然后按时间常数τ衰减，并最终衰减到0。

由式（3–3）和式（3–4）可得a相的短路电流为：

$$i_{\mathrm{a}}=I_{\mathrm{m}}(\omega t+\alpha-\varphi)+\mathrm{C}e^{-\frac{t}{\tau}} \tag{3–5}$$

积分常数C由初始条件决定，即在短路瞬间（设短路发生在t=0s），由于通过的电感电流不能突变，所以短路前瞬间的电流值与短路发生后瞬间的电流值相等，令式（3–1）和式（3–5）中的t=0，可得：

$$I_{\mathrm{m}(0)}\sin(\omega t+\alpha-\varphi_{(0)})=I_{\mathrm{m}}\sin(\alpha-\varphi)+C$$

从而可以解出：

$$C=I_{\mathrm{m}(0)}\sin(\alpha-\varphi_{(0)})-I_{\mathrm{m}}\sin(\alpha-\varphi) \tag{3–6}$$

将式（3–6）代入式（3–5），得：

$$i_{\mathrm{a}}=I_{\mathrm{m}}\sin(\omega t+\alpha-\varphi)+[I_{\mathrm{m}(0)}\sin(\omega t+\alpha-\varphi_{(0)})-I_{\mathrm{m}}\sin(\alpha-\varphi)]e^{-\frac{t}{\tau}} \tag{3–7}$$

由于三相电路对称，用$\alpha-2\pi/3$和$\alpha+2\pi/3$代替式（3–7）中的α，便可得出b相和c相的短路电流分别为：

$$i_{\mathrm{b}}=I_{\mathrm{m}}\sin\left(\omega t+\alpha-\frac{2}{3}\pi-\varphi\right)+\left[I_{\mathrm{m}(0)}\sin\left(\omega t+\alpha-\frac{2}{3}\pi-\varphi_{(0)}\right)-I_{\mathrm{m}}\sin\left(\alpha-\frac{2}{3}\pi-\varphi\right)\right]e^{-\frac{t}{\tau}} \tag{3–8}$$

$$i_{\mathrm{c}}=I_{\mathrm{m}}\sin\left(\omega t+\alpha+\frac{2}{3}\pi-\varphi\right)+\left[I_{\mathrm{m}(0)}\sin\left(\omega t+\alpha+\frac{2}{3}\pi-\varphi_{(0)}\right)-I_{\mathrm{m}}\sin\left(\alpha+\frac{2}{3}\pi-\varphi\right)\right]e^{-\frac{t}{\tau}} \tag{3–9}$$

由式（3–7）～式（3–9）可以做出电压初相位为某一给定值α时，三相短路电流的波形图，如图3–2所示。由短路电流波形图和三相短路电流表达式可知，无限大功率电源供电的三相短路电流有如下特点：

（1）三相短路电流中含有一组稳态短路电流i_{pa}、i_{pb}、i_{pc}，它们为一组对称的正序电流，其幅值恒定不变。因此，也被称为短路电流中的交流分量或周期

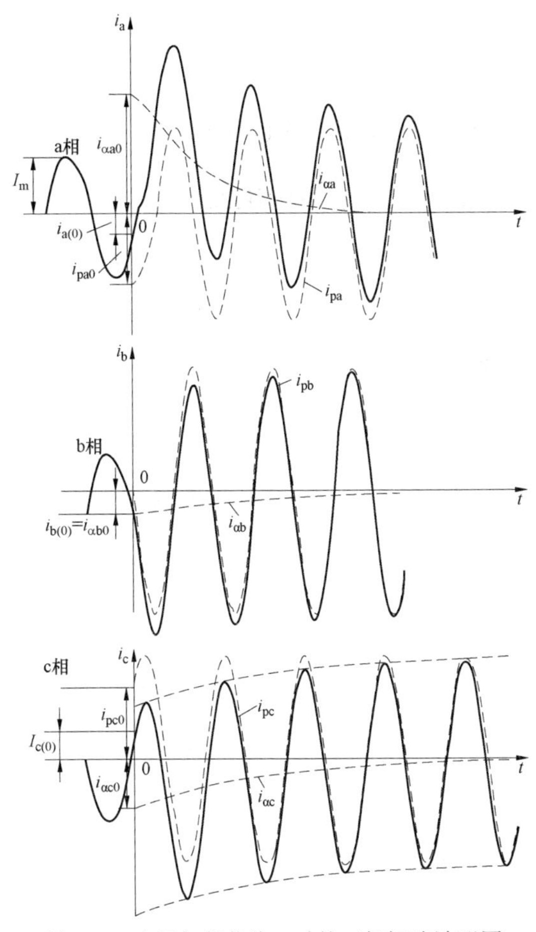

图 3–2　电压初相位为α时的三相短路波形图

性分量。显然，他们大于短路前的稳态电流。

（2）三相短路电流中含有一组自由分量电流$i_{\alpha a}$、$i_{\alpha b}$、$i_{\alpha c}$，它们的存在使电感电流数值在短路瞬间保持不变，然后按时间常数τ衰减至 0。这一分量也被称为短路电流中的（衰减）直流分量或非周期性分量电流。显然，在 t=0 时，各相直流分量的初始值不等。

（3）各相短路电流的波形分别对称于其直流分量的曲线而非时间轴。利用这一特性，可以从计算或实测出的短路电流曲线中将周期性分量和直流分量进行分离，方法是做出短路电流曲线上、下 2 个包络线，然后对它们进行垂直等分，便可得出直流分量，如图 3–2 所示的 c 相电流。

（4）直流分量的初始值越大，短路电流的最大瞬时值越大。在电源电压幅值和短路阻抗给定的情况下，由式（3–6）可知，直流分量的起始值与短路瞬间电源电压的相位α以及短路瞬间的电流值有关。

二、短路冲击电流和最大有效值电流

所谓冲击电流是指在最恶劣的短路情况下，短路电流最大的瞬时值。冲击电流主要用于校验电气设备和载流导体在短路电流下的受力是否超过允许值，即所谓的动稳定性。由上述特点（4）可知，直流分量的起始值越大，该相短路电流的最大瞬时值越大。

以 a 相为例，由式（3–6）可知，直流分量的起始值为短路前的稳态电流在短路瞬间的瞬时值与短路后瞬间短路电流周期分量的瞬时值之差，即代表正常稳态电流的相量$\dot{I}_{m(0)}$和代表短路电流周期性分量的相量$\dot{I}_{ma}$之差$(\dot{I}_{m(0)}-\dot{I}_{ma})$在时间参考轴$t$上的投影，如图 3–3 中的$i_{\alpha a0}$。如果改变 a 相电压的初相位$\alpha$（相当于发生短路的时刻不同），使这两个相量之差与时间参考轴平行，则 a 相直流分量起始值的绝对值将达到最大。如果改变α，使相量差$(\dot{I}_{ma|0|}-\dot{I}_{a})$与时间轴垂直，则 a 相非周期电流为 0，这时 a 相电流由短路前的稳态电流直接变为短路后的稳态电流，而不经过暂态过程。

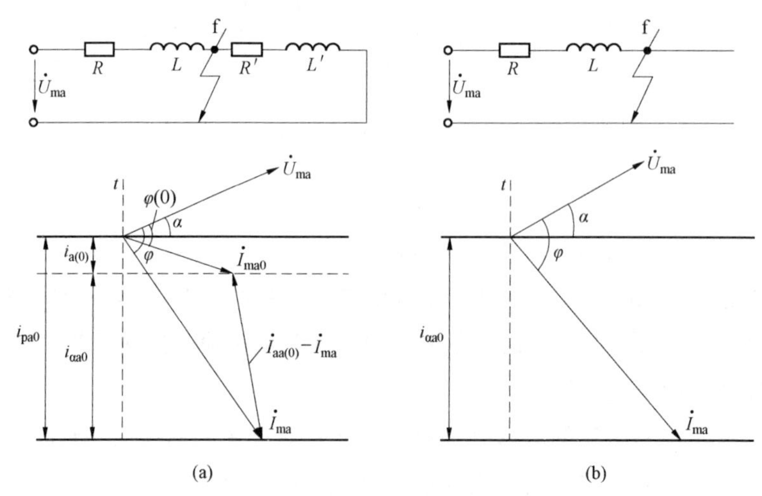

图 3–3　初始状态电流相量图

（a）短路前带负荷；（b）短路前空负荷

图 3–3（b）中给出了短路前空载时（$I_{m|0|}=0$）a 相的电流相量图，此时，I_{ma} 在 t 轴上的投影即为 i_{aa0}，显然比图 3–3（a）中相应的值要大。如果在这种情况下，α 满足 $|a-\varphi|=90°$，即 I_{ma} 与时间轴平行，则 i_{aa0} 的绝对值达到最大值 I_{ma}。一般冲击电流便是指这种情况下短路电流的最大瞬时值。

综上可知：当短路发生在电感电路中，在短路前为空负荷的情况下非周期分量电流最大，若初始相角满足 $|a-\varphi|=90°$，则其中一相短路电流的非周期分量起始值的绝对值达到最大，即等于稳态短路电流的幅值。

由于一般在短路回路中，电抗值要比电阻值大得多，即 $\omega L \gg R$，可以近似的认为 $\varphi \approx \pi/2$。于是，令 $I_{m(0)}=0$，$\alpha=0$，$\varphi=\dfrac{\pi}{2}$，代入式（3–8），可以得出 a 相短路电流的表达式为：

$$i_a = -I_m \cos\omega t + I_m e^{-\frac{t}{\tau}} \tag{3–10}$$

其波形如图 3–4 所示，由图可知，短路电流的最大瞬时值即冲击电流，将在短路发生经过半个周期（当 $f=50\,\text{Hz}$ 时，约为 0.01s）出现。由此可得冲击电流为：

$$i_m = I_m + I_m e^{-\frac{0.01}{\tau}} = \left(1+e^{-\frac{0.01}{\tau}}\right) I_m = K_M I_m \tag{3–11}$$

式中：K_M 为冲击系数，即冲击电流对短路电流周期性分量幅值的倍数，K_M 的大小与时间常数 τ 有关，K_M 为 1～2，且随着 τ 的增大越来越接近于 2。

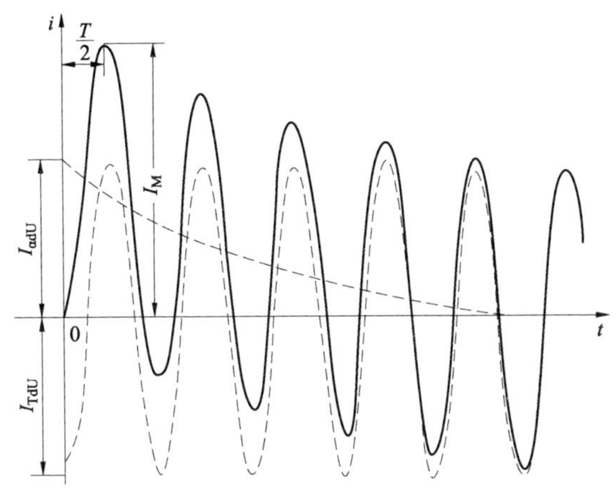

图 3–4　直流分量最大时的短路电流波形

短路电流的最大有效值主要用于校验开关电器等设备切断短路电流的能力。各个时刻短路电流有效值的定义为：以计算时刻t为中心的1个周期内，瞬时短路电流的均方根值，即：

$$I_{\mathrm{t}}=\sqrt{\frac{1}{T}\int_{t-T/2}^{t+T/2}i^{2}(t)\mathrm{d}t} \tag{3–12}$$

假定计算时刻前后1个周期内直流分量保持不变（计算时刻t的直流分量取值$I_{\alpha\mathrm{t}}$），有计算时刻短路电流有效值I_{Mt}：

$$I_{\mathrm{Mt}}=\sqrt{\left(\frac{I_{\mathrm{m}}}{\sqrt{2}}\right)^{2}+i_{\mathrm{at}}^{2}} \tag{3–13}$$

短路电流最大有效值I_{M}是以最大瞬时值发生时刻（即发生短路后约半个周期）为中心的短路电流有效值。在发生最大冲击电流的情况下，有：

$$I_{\mathrm{M}}=\sqrt{\left(\frac{I_{\mathrm{m}}}{\sqrt{2}}\right)^{2}+I_{\mathrm{m}}^{2}(K_{\mathrm{M}}-1)^{2}}=\frac{I_{\mathrm{m}}}{\sqrt{2}}\sqrt{1+2(K_{\mathrm{M}}-1)^{2}} \tag{3–14}$$

当$K_{\mathrm{M}}=1.9$（对应$\tau=100\mathrm{ms}$）时，$I_{\mathrm{M}}=1.62\left(\frac{I_{\mathrm{m}}}{\sqrt{2}}\right)$；当$K_{\mathrm{M}}=1.8$（对应$\tau=45\mathrm{ms}$）时，$I_{\mathrm{M}}=1.52\left(\frac{I_{\mathrm{m}}}{\sqrt{2}}\right)$。

第二节　影响断路器遮断能力的主要因素

一、高压断路器基本技术参数

断路器是电力系统中最重要和性能最全面的一种开关电器。断路器起着控制和保护的双重作用，能在有载、无载（空载变压器和空载输电线路）及各种短路工况下完成规定的合分任务或操作循环。它区别于其他开关设备的最显著特点是必须具备高效的灭弧能力。因为在高电压、强电流的条件下开断电路并不是容易的事，开断过程产生的电弧若不熄灭，则电路无法被开断，无论高压断路器或低压自动空气断路器都必须具备较强的灭弧能力。

这里以高压断路器为例，简要介绍和开断短路电流有关的基本技术参数。

1. 额定电压 U_N

额定电压 U_N 为断路器铭牌上所标明的断路器正常工作时电压的有效值，单位为 kV，对于三相设备是指其相间电压。断路器必须适应在电压变化范围内长期工作，因此，断路器出厂时都以最高工作电压进行检定。对 3～220kV 断路器，其最高工作电压较额定电压约高 15%；对 330kV 断路器以上规定最高工作电压较额定电压高 10%。

2. 电流参数

断路器电流参数较多，下面结合图 3–5 所示的电流波形为例，介绍如下 5 种。

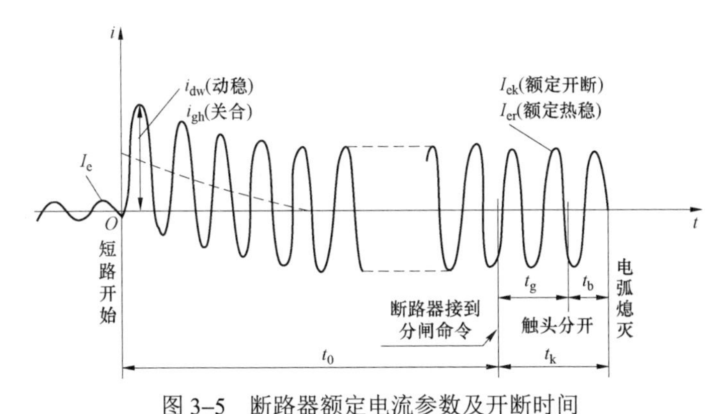

图 3–5　断路器额定电流参数及开断时间

t_0 一继电保护动作时间；t_g 一固有分闸时间；t_b 一燃弧时间；t_k 一开断时间

（1）额定电流 I_N（A，有效值）。I_N 是指断路器在闭合状态下导电系统能长期通过的电流。在额定频率下通过这一电流时，各个金属部位和绝缘的温升不能超过国家标准中规定的数值。额定电流在某种程度上决定了导体及触头的尺寸与结构。我国规定额定电流为 200、400、630、1250、1600、2000、3150、4000、6300、8000、10 000、12 500、16 000、20 000A。

（2）额定开断电流 I_{Nkd}（kA，有效值）。I_{Nkd} 是在给定电压下，断路器能开断而不影响继续正常工作的最大电流，它主要表征断路器熄灭最大短路电流电弧的能力。需指出，断路器灭弧性能的好坏与多方面的因素有关，不能只以开断电流的大小来衡量。额定短路开断电流由交流分量有效值和直流分量百分数表征。

额定短路开断电流的交流分量有效值应从下列数值中选取：6.3、8、10、12.5、16、20、25、31.5、40、50、63、80、100kA。直流分量百分数不超过20%时，额定短路开断电流仅由交流分量有效值来表征。

（3）额定短路关合电流 i_{Ng}（kA，峰值）。在额定电压下关合短路电流时，断路器触头间要承受巨大的电动力和产生预击穿，这容易造成动、静触头间的熔焊。断路器的额定短路关合电流值 i_{Ng} 表明断路器能关合这一短路电流而不发生熔焊或其他变形损失的限度，反应了断路器关合短路故障的能力。其数值以关合操作时瞬态电流第一个大半波峰值表示，一般取额定短路开断电流的 $1.8\sqrt{2}$ 倍，即 $i_{Ng}=1.8\sqrt{2}I_{Nkd}=2.55I_{Nkd}$。

（4）额定峰值耐受电流或动稳定电流 i_{dw}（kA，峰值）。i_{dw} 是断路器在闭合位置允许通过的最大电流峰值。表征断路器导电部分及支持绝缘部分的机械强度，在通过这一电流后断路器不应损坏且能继续正常工作。它与关合电流不同的是，i_{dw} 是断路器处于合闸位置时通过的电流，而 i_{Ng} 则是断路器关合短路故障时所产生的短路电流。峰值耐受电流也是以短路电流的第一个大半波峰值电流来表示的，即 $i_{dw}=i_{Ng}=2.55I_{Nkd}$。

（5）额定短时耐受电流或热稳定电流 I_r（kA，有效值）。I_r 是在规定的短路时间内，断路器在闭合位置所耐受的电流。流过这一电流期间，断路器的温升不应超过标准规定的短时发热允许温度。断路器标准中规定 $I_r=I_{Nkd}$。

3. *动作时间*

断路器的动作时间分为开断时间和闭合时间。开断时间是指断路器接到分闸命令到电弧熄灭为止的时间间隔，即：

$$t_k=t_g+t_h \tag{3–15}$$

式中：t_k 为开断时间；t_g 为分闸时间，指从断路器接到分闸命令瞬间到所有相的触头都分离的时间间隔，也称断路器的固有分闸时间；t_h 为燃弧时间，是指某一相首先起弧瞬间到所有相电弧全熄灭的时间间隔。

开断时间是表征断路器开断过程快慢的主要参数，它直接影响故障对设备的损坏程度、故障范围、传输容量和系统的稳定。

合闸时间是指处于分闸位置的断路器，从接到合闸命令瞬间起到所有相的触头均接触为止的时间。断路器的分闸时间为40～60ms，合闸时间为0.1～0.4s。

从图3–5中可以看出，除额定电流外，额定动稳定电流，额定关合电流，额定开断电流，额定热稳定电流都是同一短路在不同工况或不同时刻出现的电流峰值或有效值，但各有其特指的表征含义。因为对开关而言，并不是能耐受其一就一定能满足其二。对用户而言，并不是每一额定参数都需要，例如有些场合只要求满足开断短路电流而不需要满足关合短路电流。

二、短路电流非周期分量对断路器运行状态的影响

当电力系统短路时，其短路电流含有周期分量（交流分量）和非周期分量（直流分量）。周期分量根据电网参数所决定的过渡过程而变化，而非周期分量的大小由短路开始时的相角而定，其衰减速度也随着短路回路中的时间常数L/R变化。

断路器开断电流I_{kd}是表征断路器开断能力的参数，它是指在给定电压下，断路器能无损伤地开断的最大短路电流，应等于：

$$I_{kd}=\sqrt{\left(\frac{I_{fZ}}{\sqrt{2}}\right)^2+I_Z^2} \tag{3–16}$$

式中：I_{fZ}为触头分离瞬间短路电流周期分量的有效值；I_Z为触头分离瞬间非周期分量值。

可见断路器开断短路电流时，非周期分量的大小影响着断路器的灭弧性能。由于非周期分量的存在，使短路电流i_k对时间轴不对称，如图3–6所示。在短路电流大的半波时间里，加重了灭弧室及其他部件的负担，而在短路电流小的半波则相反。但短路电流i_k总的有

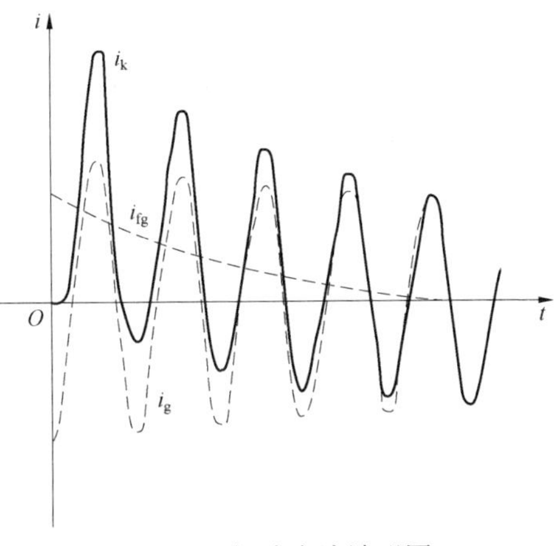

图3–6　短路电流波形图

效值增加，且达到峰值的时间加长，使电路对于断路器灭弧性能的要求与没有非周期分量时相比大为增加，从而加重了断路器的负担。但是，非周期分量亦使电弧过零时的速度减慢，即电流 i_k 和电源电压 u 通过零点的时间靠近了，导致弧隙恢复电压的恢复速度降低，对熄弧有利。因此，短路电流非周期分量对断路器运行的影响，取决于断路器灭弧装置的特性、分合闸操作速度，以及继电保护动作时间等因素。关合和开断短路电流波形如图 3–7 所示。

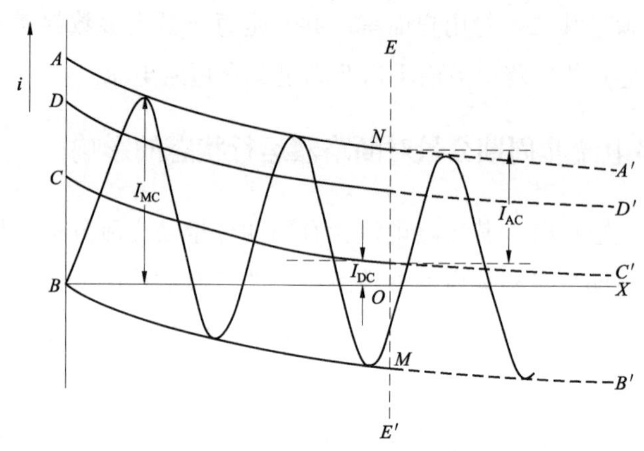

图 3–7　关合和开断短路电流波形图

我国 110kV 以下电力系统中，还使用着一部分电磁式继电保护装置，动作时间为 0.04～0.05s，加上断路器固有分闸时间 0.06s，从短路开始到断路器分闸一般为 0.1s，这时非周期分量已经很小或基本衰减至 0，对断路器的开断已没有影响。但对 220～500kV 电力系统，若采用微机保护，最短动作时间为 10～20ms，总的开断时间为 40～50ms，这时断路器有可能开断非周期分量。GB 1984—2014《高压交流断路器》对额定短路开断电流的直流分量百分数要求如下：

（1）对于不借助任何形式辅助动力而由短路电流就能脱扣的断路器，直流分量对应的时间间隔等于断路器首先分闸极的最短分闸时间 T_{op} 。

（2）对于指定仅由辅助动力脱扣的断路器，直流分量百分数对应的时间间隔等于断路器最小分闸时间 T_{op} 加额定频率的半个周波 T_r 之和。

最小分闸时间 T_{op} 是断路器在任何运行条件下（包括开断操作中和关合操作）能达到的最小分闸时间，由制造厂决定。

触头分离时的直流分量百分数由时间间隔 $(T_{op}+T_r)$ 和时间常数 τ 决定的，使用式（3–17）计算：

$$\%\mathrm{dc}=100\times e^{\frac{-(T_{\mathrm{op}}+T_{\mathrm{r}})}{\tau}} \tag{3–17}$$

GB 1984—2014《高压交流断路器》认为45ms的时间常数足以涵盖大多数电网工况，并定义为标准时间常数。但不同电压等级电网、不同工况下的时间常数有不小的差异。图3–8中给出了直流分量与时间间隔的关系曲线，该关系曲线基于：

（1）标准时间常数为45ms。

（2）下述时间常数为与断路器额定电压相关的特殊工况下的时间常数：额定电压40.5kV及以下时为120ms；额定电压70.5～363kV时为60ms；额定电压550～800kV时为75ms；额定电压1100kV时为100、120ms。

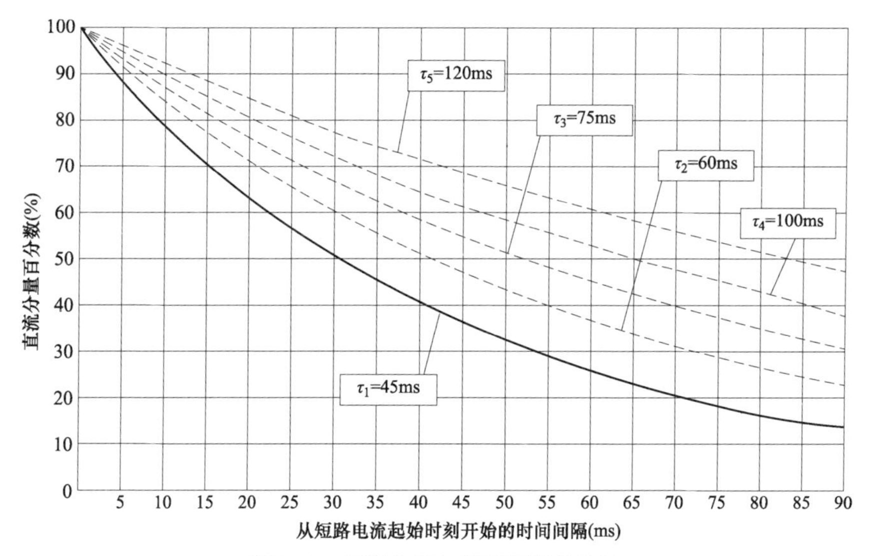

图3–8　直流分量与时间间隔的关系

这些特殊工况下的时间常数值说明了标准时间常数在某些系统下是不足的。这些数值作为特殊系统需要的统一值，应考虑到额定电压不同范围的特性，例如特定的系统结构、线路设计等。另外，在某些特殊用途中，可能要求更高的值，如靠近发电机的断路器。

基本直流分量在任何电网中都存在，只是衰减常数不同。在低压电网中直流分量衰减快，随着电压升高，输电线路的阻抗角增大，衰减时间常数也增加。

现代大容量发电机的时间常数很大，因此在高压电网如 330kV 线路上短路时，时间常数约为 40ms；在 500～750kV 线路上短路时，时间常数约为 75ms；在大容量发电机电厂出线的始端短路时，时间常数为 150～200ms。

第三节　华东电网短路故障情况统计分析

对 2000～2005 年发生的 500kV 系统短路故障情况进行分析。根据事故记录和故障录波，分别对故障时的系统时间常数、短路电流水平和持续时间进行了统计分析，以此来验证 500kV 断路器的额定短路开断电流选型的合理性。分析表明系统单相故障占到了全部故障的 90%以上，重合闸成功率也超过了 60%。

表 3–1 对这些故障的短路电流大小进行了分析统计（重合不成功的单相算 2 次短路电流），其中短路电流在 50～60kA 范围中的仅有 1 次（电流值为 58.34kA）。需要说明的是得到的故障电流波形因受测量二次回路饱和、谐波的影响而无法正确反映幅值，为估算幅值的可能值，对这些波形做了包络线延长处理，以得出近似幅值。

表 3–1　　　　短路电流值的统计分布（短路电流为有效值）

短路电流（kA）	统计次数	所占比例（%）
＜10	151	58.53
10～20	70	27.13
20～30	24	9.3
30～40	8	3.1
40～50	4	1.55
50～60	1	0.39
合计	258	100

从表 3–1 中数据可以看出，约 95%的短路故障短路电流值小于 30kA，而其中 58.53%小于 10kA，该结论与 GB 1984—2014《高压交流断路器》近似。

从系统稳定的角度看，短路电流持续时间与故障时系统稳定性有很大关系。对开关设备而言，该时间是考核设备性能的一个重要指标（合分时间和额定短时耐受电流），表 3–2 对实际发生的短路故障切除时间进行统计（重合闸不成功算 2 次），分析表明短路电流持续时间与电流大小无关，电流不大时持续时间也可达到 50～60ms，而大多数故障的切除时间落在 50～70ms 区间内，占到所有故障的 7 成左右。

表 3–2　　短路持续时间统计

短路持续时间（ms）	统计次数	所占比例（%）
≤50	43	16.67
50～60	67	25.97
60～70	104	40.3
70～80	27	10.47
80～90	7	2.71
≥90	10	3.88
合计	258	100.00

系统时间常数关系到短路电流中直流分量的衰减水平，且与断路器开断性能密切相关，由式（3–18）计算。系统发生短路故障后，直流分量按指数函数衰减，测量短路电流的波形可以计算出时间常数，其方法可参照图 3–9。

$$\tau = \frac{t_2 - t_1}{\ln\left(\frac{A_2}{A_1}\right)} \tag{3–18}$$

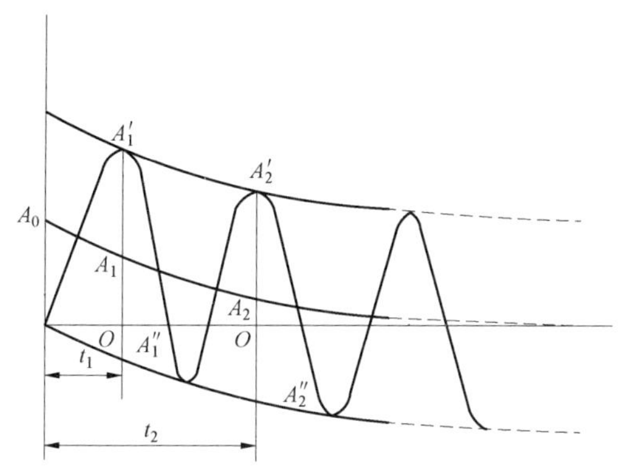

图 3–9　测量短路电流波形计算时间常数

由于时间常数与短路发生地所处系统的具体结构参数有关，如线路参数、系统短路阻抗、短路时的系统运行方式等，实际上得出的是一个时间范围，为便于分析，表 3–3 给出了经过统计处理的系统时间常数分布，即以落入每个时间区间的次数来表示。

表 3–3　　　　系统时间常数的分布

直流分量衰减时间（ms）	统计次数	所占比例（%）
10～20	29	16.29
20～30	49	27.53
30～40	51	28.65
40～50	27	15.17
50～60	14	7.87
＞60	8	4.49
合计	178	100

分析中，共对 184 个短路波形进行了分析，其中直流分量衰减时间小于 10ms 的有 3 次，分别为 9.58、9.96、9.0ms，从波形上看，短路电流几乎没有衰减，而故障点也有发生在电源点不远的地方，对此现象还需进一步研究，故表 3–3 中没有列出；直流分量衰减时间大于 60ms 的有 11 次，除去 3 次因故障录波器采用测量电流互感器导致波形严重畸变，其时间在 60～69.4ms 之间。

系统的时间常数与系统的结构、线路的设计标准有很大关系，也与故障的性质和短路电流水平有关。GB 1984—2014《高压交流断路器》中认为 45ms 的时间常数足以涵盖大多数工况，除此之外，可考虑选用与断路器额定电压有关的特殊工况下的时间常数，在额定电压 500kV 及以上时为 75ms，同时在附录 C 中提出，根据 CIGRE 所做的调查，具有 525kV 及以上运行电压的用户反映 550kV 系统的时间常数为 55ms。从上述对华东电网 5 年的短路故障数据的分析可以看出，出现频次最高的时间常数在 40～50ms 区间内。该结果与 CIGRE 的调查结果基本一致。华东 500kV 电网结构与国外大电网类似，由一个坚强的网格状主网架向负荷中心送电，大量的架空线路和大容量 500kV 变压器决定了电网的基本结构，由于长距离 500kV 输电线路只有福建和华东联网线路、山西阳城至江苏的线路，其对系统时间常数影响不大，所以按照国标提出的取 75ms 的时间常数作为对断路器的考核指标足以涵盖绝大多数情况。

第四节　实际故障短路过程分析案例

2009 年 3 月 7 日上午 10 时 38 分，上海外高桥二厂在第 3 串 5031、5032、5033 断路器和Ⅱ母线处于检修时，Ⅰ段母线发生三相金属性接地故障，2 套母差保护动作，切除故障。

故障发生前，华东全网负荷为 10 100MW，上海电网负荷为 13 970MW，正处于早高峰之后的负荷下降阶段，系统频率为 50Hz，全网电压均在控制限额内。上海 500kV 主网运行方式：牌渡 5903 与渡泗 5101 线在黄渡站内出串、南杨 5106 和汾桥 5912 线在南桥站内出串、徐黄 5113 线拉停、桥顾 5120 线路检修、外二厂 6 号机组检修。外二厂 500kVⅡ段母线及 5013、5023、5031、5032、5033 断路器处在检修状态，其余 500kV 设备正常运行。故障前外高桥二厂主接线示意图如图 3–10 所示。

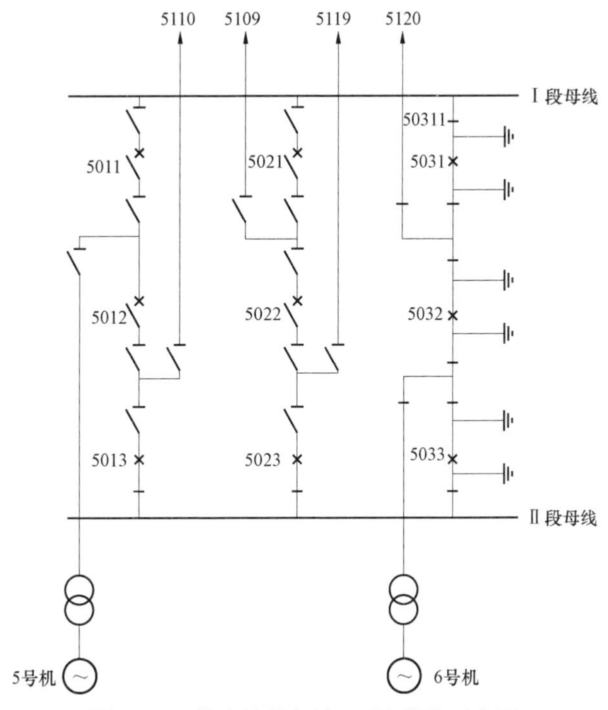

图 3–10　故障前外高桥二厂主接线示意图

故障造成外高桥二厂Ⅰ段母线停电，5 号机经 5012 断路器单送桥行 5110 线，高行 5109 与外顾 5119 线经 5022 断路器联络运行。由于短路时造成上海电网系统三相电压剧烈波动，造成徐行、杨行、顾路、南桥、泗泾、黄渡等变电站低压电抗器/电容器自动投切装置动作，切除所有运行的电抗器，投入电容器。故障切除后系统频率最高达 50.108Hz，高于 50.10Hz 持续 3s。

从外高桥二厂故障录波图（见图 3–11）可知，10 时 38 分 33 秒 974 毫秒开始故障，C 相先于 A、B 两相短路，3.4ms 后 A、B 两相也接地短路，母线三相电压跌至 0，由于直流分量非常大，流经 5021 断路器的 A 相电流几乎完全偏移到中心轴的下方，最大短路电流峰值达到 85.644kA，工频有效值达 35.3kA；流经 5011 断路器的 A 相电流峰值为 37.268kA，工频有效值达到 15.13kA。母差保护快速动作，如图 3–12 所示，母差保护在故障发生 11.50ms 后动作跳闸，跳开 5011、5012 断路器，切除母线故障，由图 3–12 可知，A、B 两相故障电流持续时间为 41ms，C 相故障电流持续时间为 50.3ms，从断路器辅助触点动作时间来看，断路器分闸时间约为 24.00ms，5011、5021 断路器 C 相熄弧时间较长，分别为 15.0、13.75ms。

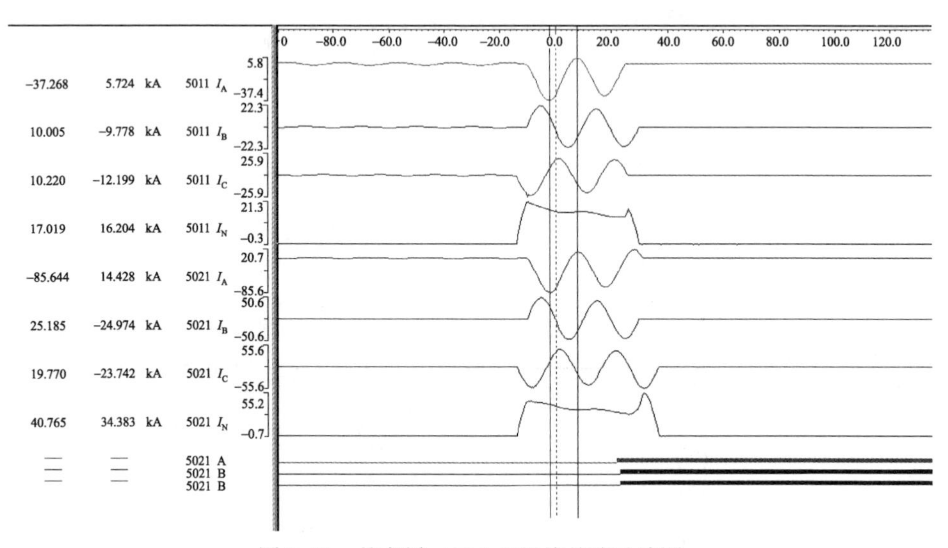

图 3–11　外高桥二厂Ⅰ母母线故障录波图

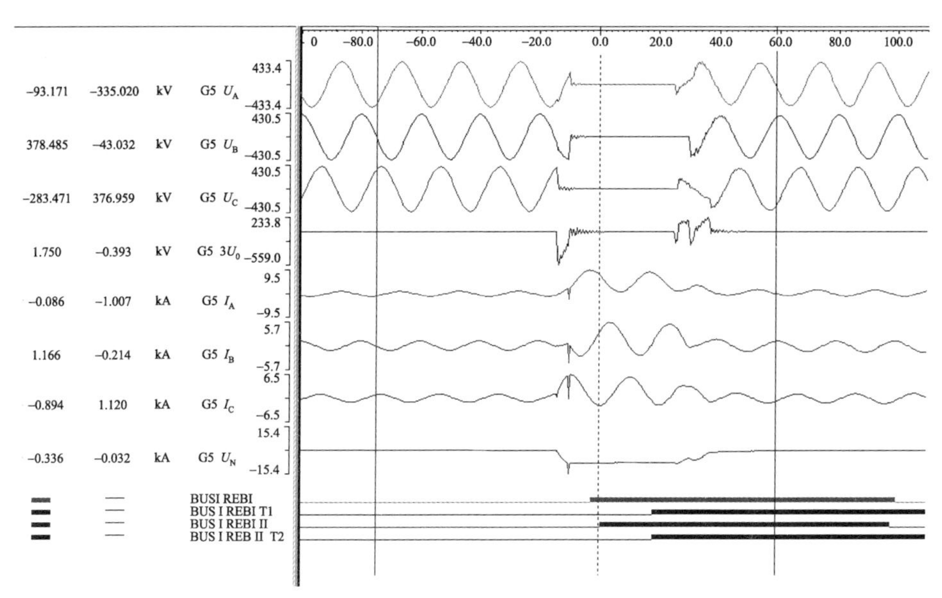

图 3–12　外高桥二厂 5 号机和母线保护动作录波图

故障录波器所录电流为电流瞬时值，由于短路电流中含有周期分量和非周期分量，后者又和短路瞬间的电压相位密切相关，所以故障录波电流瞬时值与仿真计算电流瞬时值之间没有可比性。为使两者具有可比性，需先将故障录波电流数据分解为周期分量和直流分量。

采用傅立叶变换将短路全电流分解为周期分量有效值和直流分量，所取时间窗口为 1 个周期（20ms），从短路瞬间开始，逐步移动时间窗。时间窗所得结果是该时间窗中点对应时刻的短路电流分量值。由于本次故障持续时间不超过 40ms，所以分解结果可采信的时间段是短路后的 10～30ms。经用典型短路电流理论波形验证，该方法在短路后 60ms 内的误差周期分量不超过 2%，直流分量不超过 0.5%。

通过分析短路电流故障录波数据分解所得结果（见表 3–4），可知：

（1）A、B、C 相电流中的周期分量有效值相差不大，但在短路过程中都有较大幅度的衰减，短路后 30ms 相对于 10ms 时的周期分量值衰减了 10%左右，各分支电流的衰减情况也大致如此。

（2）短路后 A 相电流中直流分量较大，B、C 相电流中直流分量较小；A 相电流中直流分量与中性点电流和三相电流瞬时值之和的衰减情况大体接近，如短路后30ms的A相直流分量、中性点电流、三相电流瞬时值相对于10ms时的对应值分别衰减了20.59%、16.30%、15.84%，根据直流分量计算公式估算出的时间常数分别为86.77、76.93、72.05ms。受发电机影响，直流分量衰减时间常数较大的支路还有外二厂G5支路和外顾5119支路，G5支路的直流分量时间常数达到185ms，与本章第二节的分析结论基本一致。

表3–4 故障录波数据

短路电流	计算类别	总电流	G5	5109	5110	5119
A相周期分量	10ms时刻（kA）	50.03	3.03	12.35	11.76	22.55
	30ms时刻（kA）	44.92	2.76	12.07	10.49	20.35
	30ms相对于10ms的衰减	10.21%	8.91%	2.27%	10.80%	9.76%
B相周期分量	10ms时刻（kA）	50.24	2.94	12.11	11.91	22.67
	30ms时刻（kA）	45.68	2.76	11.14	10.93	20.35
	30ms相对于10ms的衰减	9.08%	6.12%	8.01%	8.23%	10.23%
C相周期分量	10ms时刻（kA）	50.88	2.97	12.18	12.3	22.64
	30ms时刻（kA）	45.1	2.81	10.85	10.81	20.16
	30ms相对于10ms的衰减	11.36%	5.39%	10.92%	12.11%	10.95%
直流分量	10ms时刻（kA）	52.51	5.08	10.74	10.08	25.25
	30ms时刻（kA）	41.7	4.71	7.2	7.68	19.84
	30ms相对于10ms的衰减	20.59%	7.28%	32.96%	23.81%	21.43%
	时间常数（ms）	86.77	185.13	50.01	58.84	82.94
中性点电流	10ms时刻（kA）	38.45	–8.73	9.53	6.51	29.46
	30ms时刻（kA）	32.18	–8.2	6.31	4.62	25.37
	30ms相对于10ms的衰减	16.30%	5.99%	33.75%	29.04%	13.87%
三相瞬时值之和	10ms时刻（kA）	–54.676	8.6548	–8.6837	–6.6676	–29.504
	30ms时刻（kA）	–46.017	8.0488	–6.4467	–4.8839	–25.304
	30ms相对于10ms的衰减	15.84%	7.00%	25.76%	26.75%	14.24%

由于是大容量电厂母线故障，受发电机变压器组支路故障时直流分量衰减时间常数大的影响，外二厂母线三相短路的整体时间常数达到86.77ms，5号机

（900MW）支路的时间常数为 185ms，受接在顾路母线上外三厂机组支路的影响，5119 线的短路电流时间常数为 82.94ms，均大于额定电压 500kV 及以上电网故障时间常数 75ms，而其中远离电厂的线路支路时间常数为 50～60ms，这与附录 C 中设备时间常数近似值是一致的。因此，在实际运行中，在对电厂直接接入的变电站进行直流分量核算时应考虑采用较大的时间常数值。

第二篇　技术与实践篇

第四章

国内外电网短路电流概况及主要治理手段

第一节 概 述

随着电力系统不断发展，单机和发电厂容量、变电所容量、城市用电负荷和负荷密度的持续增加，以及电力系统之间的互联，电力系统各个电压等级的短路电流也不断增加，尤其在中国，近30年用电负荷高速增长，电力系统规模快速扩大，各级电网的短路电流也快速增大，逐步成为制约电网安全运行的重要因素。短路电流流过电气设备载流部分时所产生的热效应和电动力效应可能使电气设备遭受严重损坏。因此电网中的各类变电设备，如断路器、变压器、互感器，以及变电所的母线、架构、支持绝缘子和接地网都必须满足由于短路电流增大提出的要求，由此产生了短路电流水平的配合问题，即电网中现有的输变电设备和新设计变电所设备，其技术参数和性能要和目前及预期的电力系统短路电流水平相配合。

短路电流水平的高低与电网结构、该电压等级电网在电力系统发展过程中的重要程度密切相关。短路电流水平和电网发展水平之间的关系可以分为以下四个阶段：

第一阶段，即某一电压等级的输电线开始出现，断路器的开断容量及设备的动稳定水平，满足系统短路电流水平的要求，如目前国内正在建设的1000kV特高压电网。

第二阶段，即该电压等级网架发展成为该电网的最高电压等级的主网架时，随着大量大容量发电厂直接接入该电压等级以及电网结构的不断密集，短路电流水平迅速提高，接近或超过已安装断路器的额定遮断能力，使得电网中已装设的断路器遮断容量满足不了短路电流水平的要求，如东北电网在 20 世纪 70 年代因短路电流过大而更换了大批 220kV 断路器；华东电网从 1998 年开始因 220kV 短路电流过大而开断 220kV 省际联络线，并大规模实施 220kV 电网分层分区运行；华东电网从 2003 年开始因 500kV 短路容量超标进行短路电流综合治理工作等。

第三阶段，即在电力系统中出现更高电压等级并逐步形成更高一级电压主网架，如我国在 220kV 电网基础上发展 500kV 电网的情况，在这个阶段，原有的电压等级电网仍保持其主网的作用，并与高一级的电压电网形成高低压电磁环网，在这种情况下，原有电压电网的短路电流将大幅增加，使得限制短路电流问题成为保持电网安全运行的重要问题。如 1998 年前后，华东 500kV 主网还没有完全形成，220kV 省际联络线无法开断，上海、苏南、浙北地区一些 220kV 变电站，如瓶窑、绍兴、黄渡等 220kV 变电站短路电流水平增长过快，使得变电站的设备设施在遮断容量和动热稳定方面无法满足电网安全运行的要求，严重威胁电网安全运行。

第四阶段，原有电压等级电网已经转变为配电网，只连接地区性电网或者新建大容量发电厂的少数单元机组，这时该电压等级电网一般已经分层分区并尽可能辐射状或受供电可靠性要求小环网供电，短路电流水平随之下降。例如，2004 年华东 500kV 主网架形成后，220kV 电网逐步分层分区运行，其短路电流水平一般控制在 50kA 遮断容量下。这时候，如果高一级电压等级电网出现过晚或者发展过慢导致高低电压等级间的电磁环网无法解开，较低电压等级的短路电流控制将直接影响电网的供电可靠性。

第二节　国内外短路电流概况

一、日本电网短路电流概况

日本输电系统以 500kV 电压等级作为主要的输电通道，其 500kV 变电站短路电流开断容量一般为 63kA 和 50kA。随着负荷的发展和电网结构的日益紧密，以东京为中心的首都圈等地区也开始面临短路电流过大的问题。对此，日本电网开辟了许多针对性的研究，并采取了一系列措施。

1. 变电站改造

日本的电力企业对变电站进行改造，提高了短路电流开断能力，将其开断能力从 50kA 提高至 63kA。自 20 世纪末至今，日本电力企业对提升 500kV 变电站短路电流开断能力进行了研究，并完成了 10 余座 500kV 变电站的改造，更换了数十个变压器出口断路器和线路断路器，其中绝大多数是在带电情况下完成的。

2. 正常方式下的电网结构改造

（1）提高电网电压等级。20 世纪 70 年代，日本关西 275kV 系统的短路电流水平接近 50kA 限值，随着电网最高电压等级升高至 500kV 后，275kV 电网逐步解列分片运行，短路电流水平下降到 34kA。日本是目前世界上少数建设完成特高压线路工程的国家之一，由于无负荷需求，线路一直以 500kV 运行，原计划在 2015 年左右，配合福岛地区核电站的建设和扩建，将现有的特高压输电线路升压至 1000kV 运行，在满足送电要求的同时，考虑将原来的 500kV 系统部分开环运行，以抑制 500kV 系统的短路电流，但是受 2011 年福岛第一核电站核泄漏的影响，目前该计划没有实施。

（2）优化电网接线方式。图 4–1 为日本关西电网规划其 500kV 主网架结构时采取的短路电流限制规划措施。正常情况下，2 个子系统的电能供用平衡；当子系统不平衡时，子系统的电能可通过连接点来传输以达到平衡。当某一子系统发生严重故障时，断开连接点以使 2 个子系统解列，从而使一半系统能够保持正常运行，同时，由于另一半系统被快速解列，故障点的短路电流也得到了极大降低。关西电网的主网架结构不仅可以有效地降低电网的短路电流水平，同时也可避免大面积停电。

（3）合理规划电源接入。图 4–2 为日本东京电网 500kV 系统示意图。由于难以跨越东京湾，其电网结构为 U 形内外环结构。对外联络通道主要接入外环，外环在消耗一定电能后，送入内环，一方面可以减少内环的进出线数，限制内环变电站的短路电流水平，而外环的地理空间相对宽广，短路电流水平相对较低；另一方面也可以均衡内外环间联络通道的受电能力。从图 4–2 可知，对于一

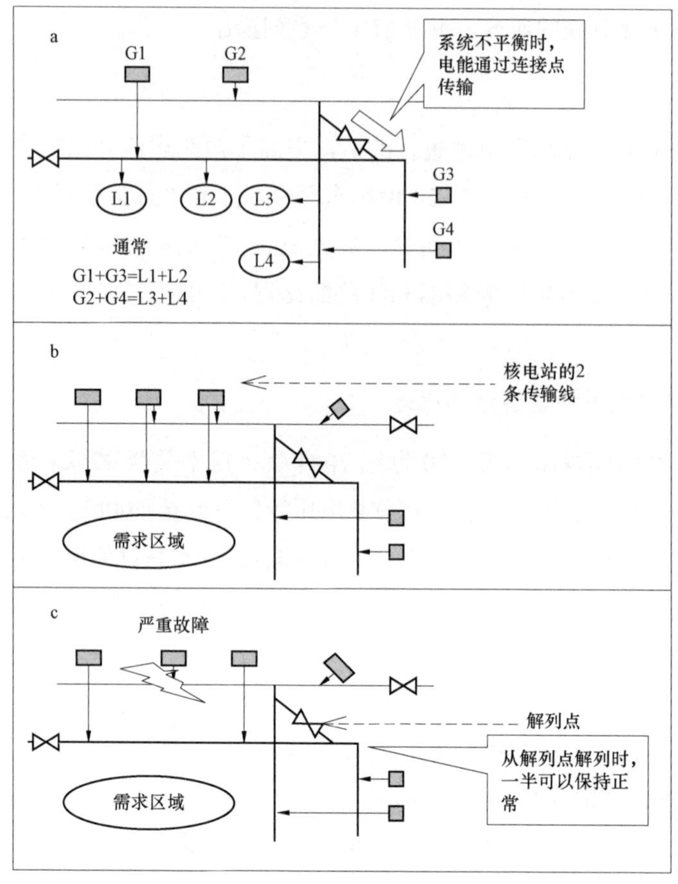

图 4–1　日本关西电网 500kV 主网架结构的短路电流限制措施图

个超过 60 000MW 装机容量的电网而言，其电网结构并不密集，这主要得益于大截面导线的广泛应用，从而有效地减少了输电通道，限制了短路电流的增长。

东京电网有大量的大容量电源接入其次级输电网中，东京湾东部的许多主力电厂和东部沿海的许多送端电厂都是先送入 275kV 系统，再与 500kV 系统互联。对于必须接入最高电压等级的电源，特别是接入负荷中心区域密集电网的电厂，分散接入不同的变电站，同样具有限制短路电流和提供动态无功支撑的作用。

（4）采用高阻抗变压器。日本电网由于联系紧密，其变压器普遍采用了高阻抗变压器，如东京电网的新丰洲 500kV 地下变电站阻抗电压百分值达到了 23%。

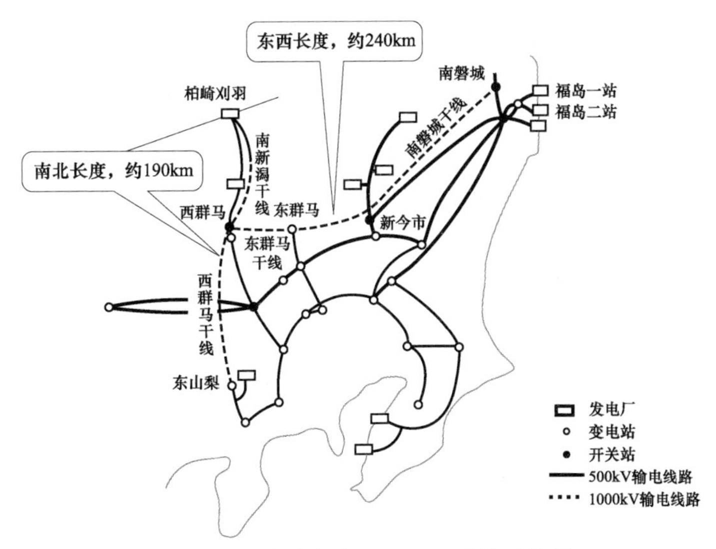

图 4–2　日本东京电网 500kV 系统示意图

3. 故障电流限制器的应用研究

1992 年，日本用铌钛合金超导材料制造了 200V/13A 的三相电抗器型超导故障限流器，并进行了电网实验。1995 年，日本中央电力试验研究所用铋系材料研制磁屏蔽型限流器，采用高温超导薄膜（厚膜）圆筒研制了 6.6kV/400A 的屏蔽型高温超导故障限流器。

日本电网 Tsuruoka 变电站 6.6kV 配电线路上运行的电弧驱动型故障电流限制器 FCL，其由快速开关、旋转电弧断路器和吸能电阻组成，这些设备密封于充满 SF_6 和 N_2（0.3:0.7）混合气体的容器内，其额定电流为 400A，额定电压为 7.2kV，可将 12.5kA 的电流在半个周波内限制到 3.8kA。

目前，日本通产省工业技术院正在研究开发高性能的高温超导限流器，已经研制了用于配电网的 6.6kV/2kA 非感应型低温超导故障限流器，并计划在 500kV 输电系统中配备高温超导限流器。

二、英国国家电网短路电流概况

英国国家电网公司（National Grid Company，NGC）是英格兰和威尔士输电系统的所有者，又是负责英格兰和威尔士地区电力系统运行的机构。英国国家电网公司拥有并负责调度运行 275kV 和 400kV 高压输电线路，整个国家电网由7000km高压输电线路和200多个变电站组成，其最高负荷发生在冬季高峰时。2004～2005 年，全英国装机容量为 75 476MW，最高负荷预测为 62 678MW，实际负荷为 56 436MW，实际负荷比预测稍低。

英国国家电网的最高电压等级为 400kV，其覆盖整个英格兰地区，形成了密集的 400kV 网架结构。通过 3 回 400kV、1 回 275kV 和 1 回 132kV 线路与苏格兰电网（SPTL）互联，其中，苏格兰 ECCLES 至英国国家电网的 STELLA WEST 双回 400kV 线路经降压后与英国国家电网 275kV 系统相连，通过 270kV 高压直流系统与法国电网联网，其交换容量为 2000MW。

英国电网的负荷中心位于南部地区，电网的北部和苏格兰电网有大量的电力需要南送，在伦敦的东部建有大量的电厂，所以，电网的潮流方向主要为北电南送和南部区域的东电西送。

在英国国家电网公司所辖的 400 多条母线中，2005 年的最大开断电流对称分量最大有效值不超过 59kA，超过 50kA 的母线仅有 6 个，介于 40～50kA 的母线也仅有 30 条左右，有 80 多条母线短路电流介于 30～40kA，短路电流控制在一个较低水平。英国国家电网 275kV 系统中，断路器的开断电流最大为 63kA，但 50kA 和 63kA 断路器只占极小的一部分，绝大部分为 31.5、32kA 和 32.5kA 断路器，另外，还有部分 16kA 左右的断路器。在 400kV 系统中，50kA 和 50.5kA 断路器约占 75%，63kA 仅占约 25%，且全站断路器均为 63kA 的更少。

在英国国家电网中，短路电流控制的主要手段有调整电网结构、分母运行、安装限流电抗器等。

调整电网结构是控制短路电流的根本。NGC 的主要送受电通道为双回线结构，但在双回线通道中的变电所，有很多仅有 1 回线环入，可靠性比双线环入有所下降，但本站的短路电流大大减小，相应地低一级电压等级的短路电流水平也明显下降，可以降低对设备的要求。比较典型的应用有如图 4–3 所示的 Grimsby West、South Humber Bank、Killing holme、Humber Refinery 电源群送出。

对于某些枢纽变电站，由于出线过多，短路电流将严重超标。若将某些线路在站外搭接，短路电流可以显著下降。伦敦 400kV 环网中的 Bram ford 即为典型的例子，该站有 8 回出线，4 回至 Sizewell、2 回至 Norwich Main、1 回至

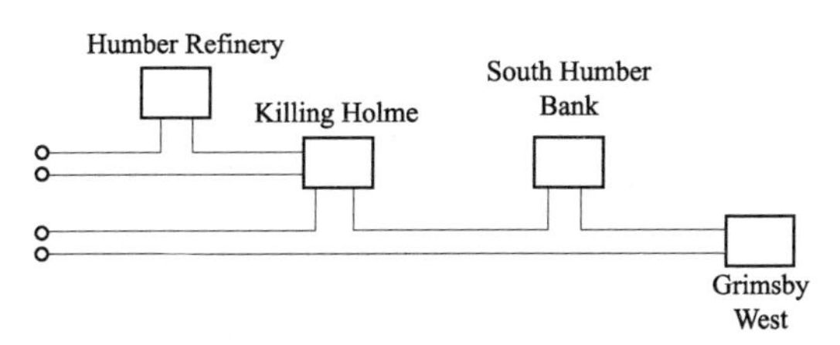

图 4–3　开断单回线路环入变电站

Pelham、1 回至 Braintree。将 Sizewell Bram ford Pelham 和 Sizewell Bram ford Norwich Main 在站外搭接后，Bram ford 和附近厂站的短路电流均有所下降。

分母运行在电网中被广泛采用。在 400kV 电网中，有 Keadby、Thornton、Hutton、Deeside、Eggborough、Ratcliffe on Soar、Sundon、Drakelow、Kemsley、chickerell、Landulph 等站采用分母运行。275kV 电网中，主要有两种类型的分母运行方式：一是联络变电站的分母运行；二是 400kV 变电站 275kV 侧分母运行，当 400kV 变电站有 4 台联络变压器时，275kV 侧一般采用分母运行。

截至 2004 年底，NGC 在 275kV 和 400kV 电网中共安装了 7 套限流电抗器。400kV 电网中，有 2 套母线联络限流电抗器和 1 套线路限流电抗器；275kV 系统中有 4 套，2 套安装于母线间、1 套安装于变压器低压侧、1 套安装于线路上。其中，母线间限流电抗器有如图 4–4 所示的 3 种连接方式。

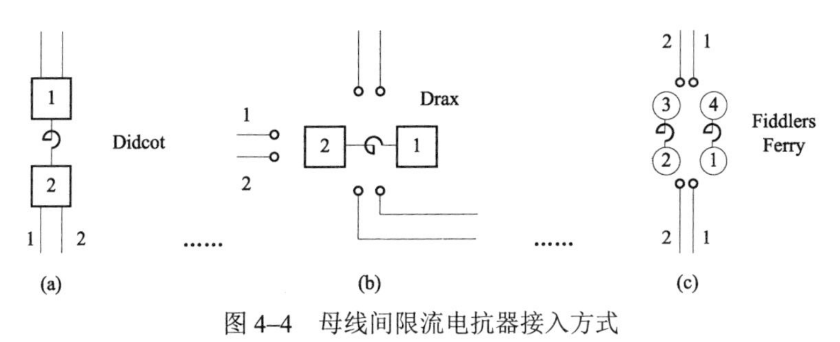

图 4–4　母线间限流电抗器接入方式

（a）方式一；（b）方式二；（c）方式三

三、华东电网短路电流概况

华东电网地处东南沿海，华东地区面积虽然仅占全国的 5%，但经济总量大，为保证国民经济的快速发展，华东电网装机容量增长迅猛，电网密集度高，由此带来的短路电流问题一度严重威胁电网安全运行。

1. 500kV 电网的短路电流概况

随着 1987 年 500kV 洛繁 5301 线的投产，华东电网进入 500kV 电网时代。为提高 500kV 系统的稳定性和潮流转供能力，规划中设计了繁昌—斗山—黄渡—瓶窑—繁昌 5 站的单环网，于 1992 年全部投运，构成了华东初具规模的 500kV 核心主环网。1993～2000 年，华东 500kV 电网逐步加强 500kV 单线环网，并于 2001 年底完成，构成了华东 500kV 电网核心主环网（以下简称 500kV 核心主环网）。在这两个阶段，500kV 短路电流矛盾基本没有显现。2002 年开始，华东地区经济快速发展，华东 500kV 电网按照苏北、安徽以及沿江沿海的机组群向负荷中心送电，逐步形成了 500kV 网格状电网网架（以下简称 500kV 网格状电网），500kV 短路电流超标问题主要在这一阶段发生并得到解决。

1993 年开始，华东电网着手研究开断 220kV 省际联络线，从而解决 500/220kV 电磁环网影响 500kV 电网的送电能力及 220kV 电网短路电流超标问题。之后，华东电网分阶段、有步骤地实施了 220kV 省际联络线的开断工作，并于 1998 年底完成。省际的分层分区也有效地降低了 500kV 枢纽变电站的短路容量。

到 2003 年，随着 500kV 网格状电网日益密集，接入 500kV 电网电厂增多，华东电网开始有多个枢纽变电站因面临短路电流水平超过断路器遮断容量的威胁而被迫调整运行方式。2005～2007 年，斗山、黄渡、南桥、武南、王店、兰亭等多个 500kV 枢纽变电站母线短路电流相继超过断路器遮断容量，其中武南、王店、石牌等变电站短路电流甚至超过 63kA 的断路器遮断容量，既威胁电网安全运行，又影响电网进一步发展。解决短路电流超标问题已经成为华东电网安全运行面临的最大挑战。

由于 500kV 电网普遍采用 3/2 接线方式，短路电流超标问题的解决远比 220kV 双母线方式要复杂，为此，华东电网从 2002 年开始着手研究一揽子解决短路电流问题的措施，经过研究分析，决定采用短期、中期、长期相结合的解决方案，用 10～15 年时间解决短路电流超标问题。短期方案是 1～3 年内主要采用运行方式调整的措施，如拉停断路器、拉停线路、线路站内出串、主变压器中性点加装小电抗、220kV 分层分区等措施，暂时缓解短路电流超标问题；中期方案是加强设备技改，采用 500kV 母线分裂运行、更换更大遮断容量断路器、串联电抗器的应用、可控串联电抗器的应用等措施；长期方案采用规划和生产相结合，主要采用高阻抗变压器、超标严重的枢纽变电站脱环、500kV 电厂接入 220kV 电网、500kV 母线预留解列断路器等措施。采用上述措施后，经过十多年的努力，上海 500kV 电网终于在 2016 年恢复双环网运行，500kV 网格状电网仅有两处略做调整，其余均可按照正常方式接线运行。短路电流超标不再是制约华东电网安全运行的主要问题，极大地提高了华东电网的运行安全性和供电可靠性。

2. 特高压电网中的短路电流概况

（1）特高压交流电网简介。“皖电东送”淮南至上海特高压交流输电示范工程于 2013 年 9 月 25 日投入商业运行，该工程是我国首条百万伏同塔双回路输电线路工程，也是华东电网内首个特高压交流工程，华东电网继 1987 年出现第一回 500kV 线路以后，时隔 27 年，再次出现一个新的电压等级，正式迈入 1000kV 特高压时代。淮沪特高压工程是华东特高压主网架的重要组成部分，对于提高华东电网接纳区外来电能力和内部电力交换能力、提升电网安全稳定水平，满足经济社会发展的用电需要具有重要意义。

该工程包括 4 座 1000kV 变电站和 6 回 1000kV 输电线路，起于安徽淮南变电站，经安徽芜湖变电站、浙江安吉变电站，止于上海练塘变电站，线路全长 2×652.2km，途经安徽、浙江、江苏、上海四省（市），先后跨越淮河和长江，如图 4–5 所示。工程系统标称电压为 1000kV，最高运行电压为 1100kV，采用额定容量为 3000MVA 的大容量特高压变压器、额定开断电流为 63kA 的 SF_6 气体绝缘金属封闭式组合电器，全线同塔双回路架设。变电容量共 21 000MVA，其中淮南、安吉、练塘变电站各配置 2 台 3000MVA 主变压器，芜湖站配置 1 台 3000MVA 主变压器。

2014 年 12 月 26 日，华东电网内第二条特高压交流工程浙北—福州工程建成投运，如图 4–6 所示。浙北—福州投产后，福建送出断面、浙江钱塘江过江断面的送电能力得到显著加强。福建电网送出能力、浙南电网受电能力均大幅

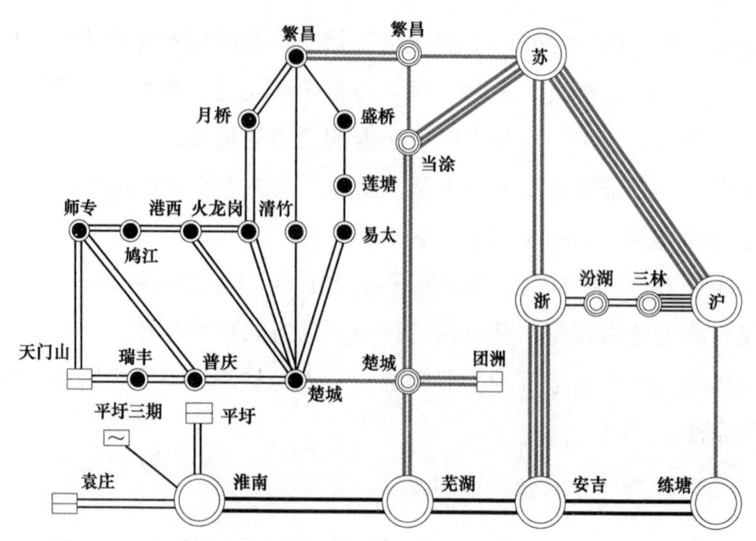

图 4–5 “皖电东送”淮南至上海特高压交流输电示范工程示意图

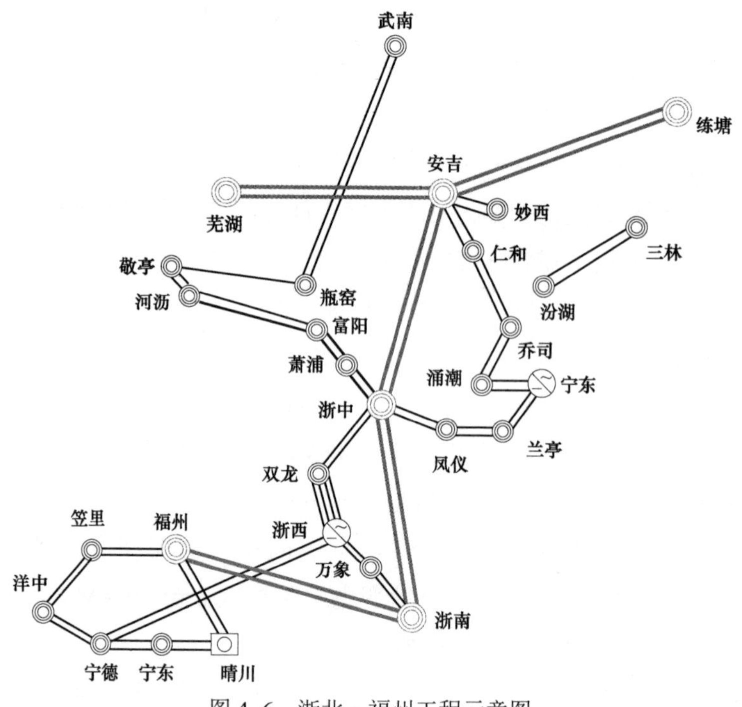

图 4–6 浙北—福州工程示意图

提高，长期困扰华东电网运行的福建外送受阻、浙南受电不足问题得到根本性缓解。

华东电网内第三条特高压交流工程淮南—南京—上海工程（以下简称“北环”工程）从 2014 年 4 月开工建设，2016 年 4 月，工程淮南—长江北岸段建成投运。2016 年 9 月，苏州—沪西段工程投运，苏通 GIL 综合管廊工程计划于 2019 年底前建成投运。“北环”工程建成投运后，将与“皖电东送”淮沪特高压、浙北—福州等特高压交流工程一起，构成华东特高压交流环网和受端网架，对提高华东负荷中心接纳区外电力能力及内部交换能力、提升电网安全稳定水平和“皖电东送”可靠性、增强长三角抵御重大事故能力、提高运行方式灵活性等具有重要意义。

（2）特高压交流对短路电流的影响。在特高压交流电网建设初期，由于网架较弱，为了确保电网安全稳定运行，特高压交流网架和已有的 500、220kV 电网之间构成三级电磁环网，进一步拉近了 500kV 电网电气距离，这会提升特高压落点近区电网的整体短路电流水平，可以在落点近区电网进行 500kV 网架的优化调整，以保证近区厂站短路电流不超断路器遮断容量。

例如，东吴特高压变电站地处华东电网中短路电流矛盾最突出的上海、苏州地区，设计中考虑将石牌—昆南—黄渡双线开断环入东吴特高压变电站，将东吴变电站 2 台 1000kV 主变压器分片运行同时向上海和苏州电网供电，1 台为上海电网供电，1 台为苏州电网供电。特高压东吴变电站近区电网示意如图 4–7 所示。

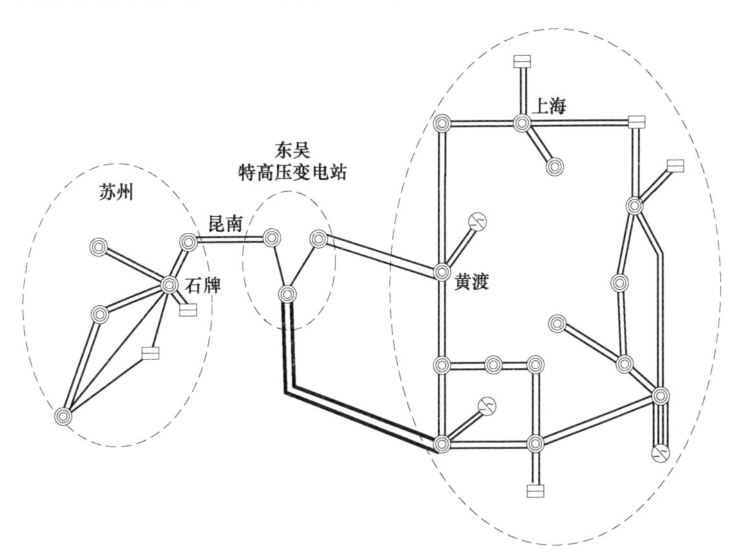

图 4–7　特高压东吴变电站近区电网示意图

表 4–1 中给出了东吴变电站母线分段运行前后近区短路电流的变化情况，从表中可以看出，通过变电站母线分段运行改变系统结构，拉大了苏州电网和上海电网之间的电气距离，有效地降低了系统短路电流水平。

表 4–1　　东吴变电站母线分段运行前后近区短路电流变化情况　　kA

地点	短路电流		断路器遮断容量
	分母后	分母前	
东吴	42.5	75.5	63
昆南	46.5	73.3	63
石牌	60.7	76.5	63
玉山	56.3	63.7	63
车坊	57.9	64.8	63
徐行	61.3	72.4	63
黄渡	54.1	74.3	63

第三节　国内外短路电流控制方法

随着短路电流的增大，运行中的断路器等电气设备逐渐与系统的短路容量不匹配，当短路电流水平超过设备的遮断容量时，就必须考虑更换不匹配的电气设备或采取限制短路电流的措施，其中，更换断路器等电气设备是比较困难的，原因如下：

（1）高额的更换费用；

（2）施工时间长，在施工期间系统运行的可靠性会受到影响；

（3）新更换的断路器遮断容量有时会跟不上系统短路容量的增加。

因此，从安全运行、技术性和经济性多方面综合评估，采取措施限制电力系统短路电流已成为一个重要的课题。国内外各大电力系统均对限制短路电流的各种措施进行了分析研究，并付诸实施。目前，国内外普遍采用的短路电流限制措施有优化电力系统结构、采用高阻抗设备、安装故障限流器三种方法。

一、优化电力系统结构

1. 加强更高电压等级的网络，从而使电压等级较低的系统分片运行

当高一级电压电网增强到一定程度后，系统稳定性将明显改善，输电线路的输送能力也得到增强，这样就可将低一级电压等级的系统作为配电网考虑，分区、分片解列运行，这种方法是限制短路电流的最根本有效的方法。

例如，日本关西 275kV 系统在 20 世纪 70 年代时短路电流水平接近 50kA 的限值，将电网电压升高至 500kV 后，275kV 电网分片解列运行，短路电流水平下降到 34kA。参考文献［22］计算表明：我国鄂东地区“九五”末期最大短路电流高达 44.4kA，发展 500kV 电网后，最大短路电流限制到了 34.1kA，下降了 23.3%。随着华中 500kV 电网进一步加强，长江南、北 220kV 系统解列运行成为可能。计算表明，此举将华中 220kV 电网 2000 年前后的短路电流水平限制在 40kA 以下。参考文献［23］介绍：我国西北电网兰州 220kV 网与白银 220kV 电网分网解环运行，使相关变电站 220kV 母线的短路电流水平下降了 20%～30%。参考文献［24］表明：我国华东电网省际 220kV 联络线开断，使断点两端母线短路容量下降了 20%～47%，邻近母线短路容量下降了 20%以上的共计 16 个，平均下降了 27%，最高下降达 42%。江苏省苏南地区省内 220kV 联络线开断使得相关母线短路容量下降了 24%～40%，邻近母线下降最高达 26%，其中谏壁在省际、省内联络线开断后短路容量下降了 24%。可见，省际、省内电磁环网解网运行对降低短路容量效果显著。

2. 改变发电厂和电网的接线方式

（1）变电站母线分段运行。通过变电站母线分段、系统解列运行，增大系统阻抗，有效地限制短路电流。用改变系统联络和结构的方法限制短路电流，是一种经济、简单、有效的手段，但会使系统互联的优点被削弱。如将我国河南堰师电厂分为东、西两段母线分片供电，可降低 45%的电厂母线短路电流，供电范围内的变电站母线短路电流相应降低 10%～20%。参考文献［25］研究了浙江电网兰亭变电站通过母线暂时分列运行降低 220kV 短路电流水平的 3 种方案，这 3 种方案都使兰亭变电站 220kV 母线短路电流明显下降，降幅均在 8kA

以上。另外一种情况是在正常情况下母线并列运行，事故发生时将母线分段运行，减小短路电流，然后将故障线路的断路器断开，这种运行方式具有不影响系统互联的优点。国外经验表明，在瑞士、法国和德国 400kV 及 220kV 系统母线上装设故障快速解列装置，在 400kV 系统中最大短路电流降低了 45%，在 220kV 系统中最大短路电流降低了 36%，然而，这样做要注意当母线分段之际，不应使变电站的母线负荷分配不平衡，以免导致一部分母线过负荷引起设备损坏等事故。另外，输电线路出线端发生故障，要等母线分段后才能将故障点断路器跳开，这会使故障持续时间延长。参考文献[23]指出：我国西北电网 220kV 龚家湾变电站正常运行方式为 3 台主变压器运行，但由于龚家湾变电站 110kV 部分断路器遮断电流不能满足 3 台主变压器并列运行的要求，迫使 110kV 母线长期分裂运行，建议尽快更换遮断容量受限制的断路器，或在母线断路器上装设自动快速解列装置，在故障时将母线断路器快速断开使短路电流在断路器的允许范围内。当然，母线解列会降低系统的安全运行裕度、限制运行操作范围和事故处理能力，而且建设费用较高，因此该措施应从系统容量、系统稳定性、短路水平等多方面综合考虑施行。

（2）500kV 变电站的日益密集及 500kV 自耦变压器的大量使用常常导致 220kV 侧单相短路电流值大于三相短路电流值。为限制单相短路电流，可采用部分变压器中性点不接地或经小电抗接地的运行方式，还可采用星形接线的同容量普通变压器代替系统枢纽点的联络自耦变压器。500kV 自耦变压器中性点经小电抗器接地是一项限制 220kV 侧单相短路电流极为有效的措施。参考文献［28］通过对上海杨行站 500kV 中性点经小电抗接地的计算、提出采用分区运行和 500kV 自耦变中性点经小电抗接地的措施以降低 220kV 电网的不对称短路电流。

国外大多数国家对限制单相接地短路电流水平采取的具体措施是：

1）减少变压器中性点接地数目，即实行所谓有效接地系统，保证接地故障系数小于 1.4；

2）变压器及自耦变压器中性点经小电抗接地，例如法国 400kV 发电机变压器组的主变压器中性点经 25Ω 电抗接地，400/225kV 自耦变压器中性点经 40Ω 电抗接地；

3）部分变压器中性点正常不接地，但在变压器跳闸前用快速接地开关将中性点接地。运行实践表明，变压器（包括自耦变压器）采用小电抗接地可获得良好效果。

（3）在发电厂内，有条件时可将发电机—变压器—线路单元连接到距其最近的枢纽变电站母线上，这样可避免发电厂母线上容量过分集中，从而达到降低发电厂母线处短路电流的目的。

3. 在交流系统中部分采用直流线路和直流背靠背输电方式

当交直流系统中的交流系统发生故障时，直流输电系统由于其快速控制作用，能很好地起到限制短路电流的作用。直流输电线路连接两个交流系统时，直流系统的“定电流控制”模式将快速把短路电流限制在额定电流附近，短路容量不因系统互联而增大，避免了交流输电线连接两个交流系统时因短路容量增大，需要更换断路器或增设新的限流装置的问题。

直流输电线路连接两个交流系统时应考虑换流装置的成本和直流输电的谐波等问题。

二、采用高阻抗设备

1. 加装普通限流电抗器

普通限流电抗器可分为线路串联电抗器和母线串联电抗器。

线路串联电抗器一般用于发电厂或变电站通过电缆馈线向电网供电的6～10kV配电网中，以限制电缆馈线回路短路电流。当线路发生短路时，电压将主要降落在电抗器上，不仅限制了短路电流，而且能在母线上维持较高的剩余电压。

母线串联电抗器装设在母线分段的地方，其目的是限制母线分段间通过的短路电流，进、出线断路器和分段断路器等都能按各回路额定电流来选择，不因短路电流过大而提高。

串联电抗器曾被广泛地应用于发电厂和配电系统中。由于开关设备制造水平的提高，配电系统中的串联电抗器应用日益减少。在国外超高压输电网中，特别是北美电网，应用串联电抗器的实例较多，但大多数应用于调整电网的潮流分布。330kV及以上系统限制短路电流的工程实例主要有巴西Tucurui水电厂的 500kV 母联电抗器、巴西 Furnas 电力公司的 345kV 线路电抗器、美国 Consolidated Edison 电气公司的 345kV 系统的线路电抗器和澳大利亚 MetroGrid 公司的 330kV 线路油浸式电抗器等。英国 NGC 电网配有 2 套 400kV 母线限流电抗器和 1 套线路限流电抗器。就制造水平而言，限流电抗器应用于超高压系统已无任何困难。

1996 年 12 月，美国电子与电气工程师协会（IEEE）制定了 C57.16—1996《限流电抗器需求、术语和试验规范》，规定了输电和配电系统中用于稳态潮流控制和短路电流限制的干式空心单相和三相户内、户外串联电抗器的应用范围、需求、额定值、试验、建造等内容。该标准于 1997 年 5 月被美国国家标准协会（ANSI）确认为美国国家标准 ANSI Standard C57.16《干式空心串联电抗器需求、术语和试验规范》。

美国 PJM 电网中安装了较多的串联电抗器，其主要目的是潮流控制，同时兼具限制短路电流的功能。为规范串联电抗器的应用，PJM 电网制定了临时性安装和永久性安装的串联电抗器的应用指导意见。

在 PJM 电网中，临时性安装适用于以下情况：电网长期规划方案已经确定，但由于不能及时实施而使 PJM 电网的可靠性受到威胁。

在 PJM 电网中，考虑需要长期安装电抗器的情况有：已经设计配有高阻抗串联设备的线路上，此时电抗器用于限制短路电流或潮流控制；平衡新线路与现有平行线路间的阻抗；安装于 PJM 电网至外部电网的输电节点上；有些情况下，由于客观因素或公众的反对，所有增加输送容量的替换方案都无法实现，此时也可考虑安装电抗器。

2. 发电机、变压器等设备采用较高的阻抗

对发电机而言，阻抗增大则短路比减小，空气间隙减小，设备体积减小，励磁损耗、铁损、风损等空载损耗减小，设备价格便宜，励磁机容量减小。对变压器而言，采用高阻抗是限制短路电流的有效办法，它改善了系统短路电流的水平，减小了输电线路对邻近通信线路的干扰和危害，有利于断路器等电气设备的选型。

参考文献［29］结合实际变电站的设计，对所采用的 10kV 限流措施进行技

术经济比较，表明广东惠州电网 110kV 太阳城变电站采用高阻抗变压器限制 10kV 侧短路电流是较好的措施，将变压器的短路阻抗由 10.5%提高到了 16%，使 10kV 侧短路电流从 49.4kA（2 台变压器并联运行）降低到 37.2kA。参考文献［30］对 500kV 变电站并列运行的 2 台 500/220/35kV 三绕组变压器的计算表明，采用高阻抗变压器可以有效限制 35kV 侧的短路电流，大大节省对 35kV 侧断路器和隔离开关的投资。

国外普遍采用高阻抗变压器限制短路电流。日本电网由于联系紧密，普遍采用高阻抗变压器，如东京电网的新丰洲 500kV 地下变电站变压器阻抗电压百分比达到了 23%，而英国 400/275kV 变压器的短路阻抗一般为 16%～20%。

3. 采用分裂绕组变压器和分裂电抗器

当发电机容量较大时，采用低压分裂绕组变压器组成扩大单元接线。由于分裂绕组变压器在正常工作和低压侧短路时电抗值不同，从而可起到限制短路电流的作用。对大容量的发电机组，特别是复式双轴汽轮发电机组或具有双绕组的发电机，可采用低压侧分裂绕组接线。在大容量发电厂中可采用低压侧带分裂绕组的变压器限制短路电流。

分裂电抗器在结构上与普通电抗器相似，由 1 个中间抽头和 2 个分支组成。中间抽头连接电源，2 个分支连接大致相等的 2 组负荷。当分裂电抗器的电抗值与普通电抗器相同时，两者在短路时的限流作用相同，但正常运行时分裂电抗器的电压损失只是普通电抗器的 1/2，而且其比普通电抗器多提供 1 倍的出线，从而减少了电抗器数目和设备的占地面积，有利于设备布置。

三、安装故障电流限流器

故障电流限制器（Fault Current Limiter，FCL）是能响应电力系统短路故障并把系统中的短路电流减小到可控、安全水平的设备。故障电流限制器在系统正常时呈现低阻抗，而系统发生故障时，其阻抗迅速增大，以限制短路电流峰值和稳态短路电流，使短路电流水平低于高压断路器开断容量。

理想的故障电流限流器具有如下特性：正常运行时装置呈现低阻抗，故障发生后呈现高阻抗；发生故障后，在极短时间内动作，限制短路后的第一个峰值电流；正常运行时有功损耗很小；限制后的电流不影响继电保护等设备的正确动作；装置具有高的可靠性，能自动复位和多次连续动作；设备占用空间小，成本及运行费用低。

1. 基于电力电子器件的故障限流器

（1）谐振型故障限流器。在图 4–8（a）中，电容 C 与线路串联，正常情况下提供串联补偿。当发生短路故障时，晶闸管 TH–1，TH–2 触发导通，电感 L 与电容并联，利用 LC 并联谐振电路产生的大阻抗来抑制短路电流。由于晶闸管由关断变为导通所需的时间非常短，为几毫秒，它可以在短路发生后的半个周波内动作，限制短路电流的峰值。短路电流被减小到断路器可以开断的水平后，断路器动作断开故障线路，加在晶闸管上的触发脉冲消失，晶闸管恢复到正常的关断状态。

在图 4–8（b）中，正常情况下，门极可关断（Gate Turn–Off，GTO）晶闸管开关导通。发生短路故障后，GTO 开关关断，短路电流被转移到谐振电路中，从而达到限流的目的。图 4–8（a）电路中的晶闸管开关只在故障时导通，正常情况下，电容 C 与线路串联，提供串联补偿，图 4–8（b）中的 GTO 开关在正常情况下持续导通，会产生有功损耗，且 GTO 必须选择大功率的，器件昂贵，所以，图 4–8（a）所示电路比图 4–8（b）所示电路更具实用价值。

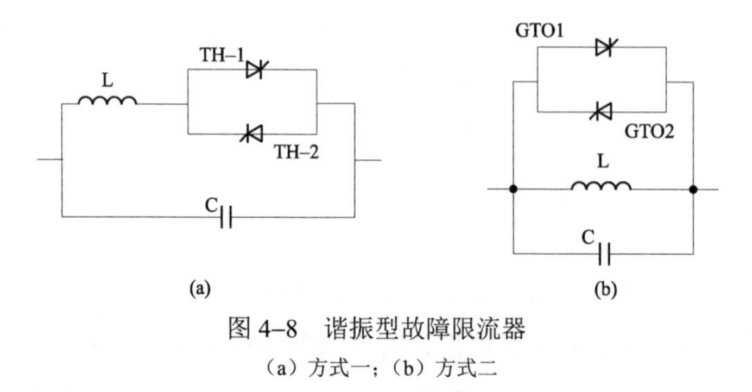

图 4–8　谐振型故障限流器

（a）方式一；（b）方式二

（2）串联补偿故障限流器。参考文献［61］提出了一种串联补偿故障限流器（见图 4–9），它可以应用于高压（HV）和超高压（EHV）电力系统，以避免普通 LC 谐振电路在限流期间由串联电容产生的谐振电路过电压问题，并且仿真表明，系统的暂态稳定性得到明显的提高。

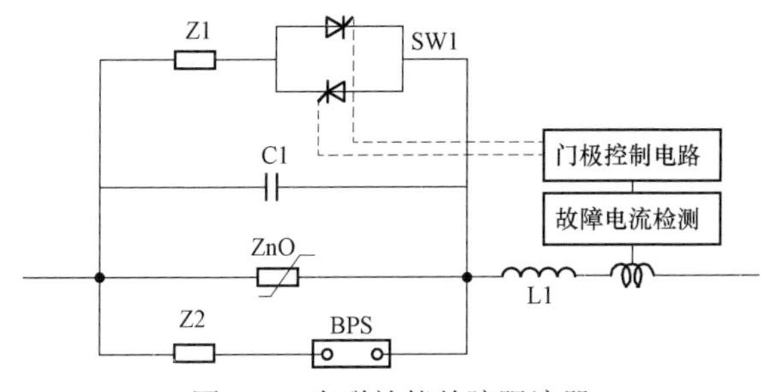

图 4–9　串联补偿故障限流器

串联补偿故障限流器主要由串联在线路中的电容 C1、快速动作的固态开关 SW1 和与电容串联的电感 L1 组成。C1 和 L1 的合成阻抗呈容性。在正常情况下，固态开关 SW1 不导通，故障限流器可以补偿线路电抗，提高线路的输送能力。在故障情况下，固态开关 SW1 快速导通，旁路掉串联电容，达到限制短路电流的目的。阻抗 Z1 用来限制流过固态开关 SW1 的浪涌电流。过电压保护设备 ZnO，SW1 的后备开关 BPS 也分别与电容 C1 并联，阻抗 Z2 用来限制流过后备开关 BPS 的浪涌电流。

（3）基于灵活交流输电系统（FACTS）的故障限流器。美国电力科学研究院（EPRI）引入了 FACTS 的概念，其目的是利用各种电力电子器件控制交流传输系统的运行，提高交流线路的输电能力。灵活交流输电技术的提出为有效抑制短路电流提供了新的手段。

1）晶闸管控制的串联补偿（Thyristor Controlled Series Compensator，TCSC）。TCSC 结构如图4–10所示，它有3种工作方式：① 阻断方式：晶闸管不导通，TCSC 模块相当于常规串联补偿；② 旁路模式：晶闸管连续导通，串联电容被旁路，TCSC 相当于一个小感抗；③ 微调模式：晶闸管门极触发信号采用相位控制，模块的性质取决于晶闸管的触发角，通过采用不同的触发角，控制流过电感回路的电流，可在一定范围内平滑地调节感抗或容抗，当系统发生短路后，

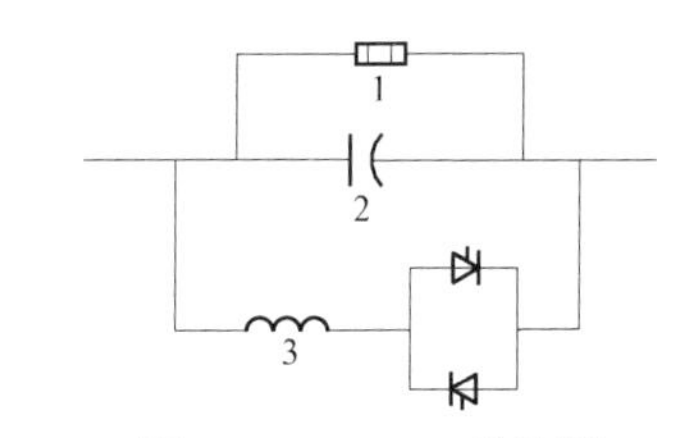

图 4–10　TCSC 结构图

1—金属氧化物变阻器；2—电容；3—电感

调节晶闸管的导通角，使 TCSC 产生一个大的感抗，此时，TCSC 应能承受短路电流的作用。由西门子公司生产的 TCSC，于 1992 年在美国的 Kayenta 变电站投入运行，运行期间起到了应有的限流效果。

2）晶闸管控制的移相器（Thyristor Controlled Phase Shifter，TCPS）和相间功率控制器（Interphase Power Controller，IPC）。TCPS 是在线路上接入一个串联变压器，使其电压与线路某点电压向量相垂直，在移相器的输入和输出电压产生相位移。通过控制晶闸管触发角，串联变压器电压的大小和相角可连续变化。发生短路故障时，TCPS 可在传输线路中快速串入一个感性或容性的电压，此特性可以用来增加或减少线路中流过的电流。

IPC 可分为调谐型和非调谐型 2 种：① 调谐型 IPC 的结构是在每相输电线中串入 2 个并联的电容和电感分支，并使其分别与 1 个移相器相串联；② 非调谐型 IPC 的电感支路采用移相变压器来实现，同时省略电容支路的移相器。

仿真结果表明，调谐型 IPC 比非调谐型 IPC 具有更好的短路电流限制特性。参考文献［66］给出了相间功率控制器仿真模型，并在此模型的基础上对线路短路故障进行仿真，结果表明相间功率控制器比常规的移相变压器有更好的限流效果。由于相间功率控制器在发生短路故障时并不贡献短路电流，因此在扩建变电站时，安装相间功率控制器代替移相变压器运行可以不增加短路容量，所以可不用更换现有断路器，也不用安装额外的故障限流器。

3） 静止同步串联补偿（Static Synchronic Series Compensator，SSSC）和统一潮流控制器（Unified Power Flow Controller，UPFC）。SSSC 是一个与电力系统中的输电线路串联的固态电压源，该串联电压源的大小和相位可调，其由移相变压器、串联逆变器、直流储能电容构成。SSSC 可以看成是串联在输电线路中可变电压源（$\dot{V}_S$）和移相变压器漏抗（X_P）的组合，它在输电线路中的模型如图 4–11 所示。

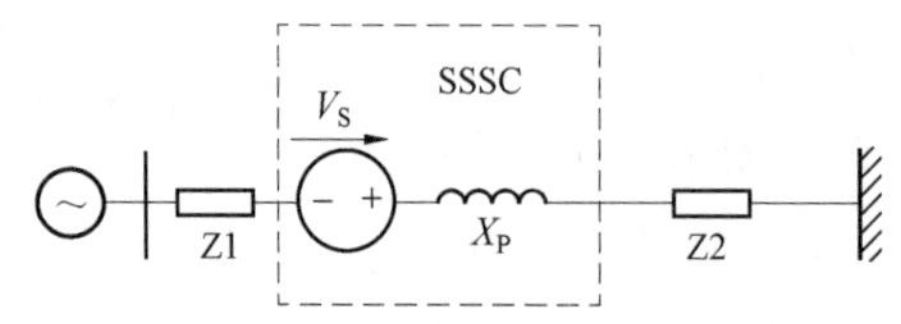

图 4–11　SSSC 在传输线路中的元件模型

在正常情况下，静态同步串联补偿的注入电压与线路电流正交，串联补偿线路电抗。当线路发生短路故障时，SSSC 的串联电压 $\dot{V}_S$ 保持不变，此时由于短路电流远远大于正常时的负荷电流，SSSC 漏抗 X_P 上的感性压降远远大于 $\dot{V}_S$，所以，SSSC 合成后的效果相当于在线路中串入电感性元件，起到了限制短路电流的作用。

UPFC 由 2 个逆变桥和 1 个直流电容构成。串联部分的逆变桥可以在发生短路故障时串入 1 个感性电压，其原理与 SSSC 类似。

以上介绍的 FACTS 装置都具有多种控制功能，限制短路电流的 FACTS 控制器应考虑和其他 FACTS 控制器相结合，研究综合型控制装置，从而提高其性价比。

2. 基于正温度系数聚合材料的热敏电阻限流器

1998 年，瑞士 ABB 公司提出采用具有正温度系数（PTC）的聚合材料作为限制器的基本组成成分。PTC 热敏电阻具有随温度升高而阻值快速增加的能力，所构成的限流器在正常运行状态下呈现低阻值，电流全部通过 PTC 热敏电阻，此时 PTC 热敏电阻上的功率损耗很低。当出现短路故障时，流过 PTC 热敏电阻的电流急剧上升，远远大于临界电流值，功率也相应增大，引起温度升高，使 PTC 热敏电阻的阻值随温度的升高而迅速上升，从而达到限制故障电流的目的。这种设备的缺点是：① 从发生短路到限流器动作的时间稍长；② PTC 热敏电阻比较容易受外界因素的影响；③ 对于限制较高数值的电流，效果比较明显，而对于限制较低数值电流效果不佳。PTC 热敏电阻构成的故障限流器如图 4–12 所示。

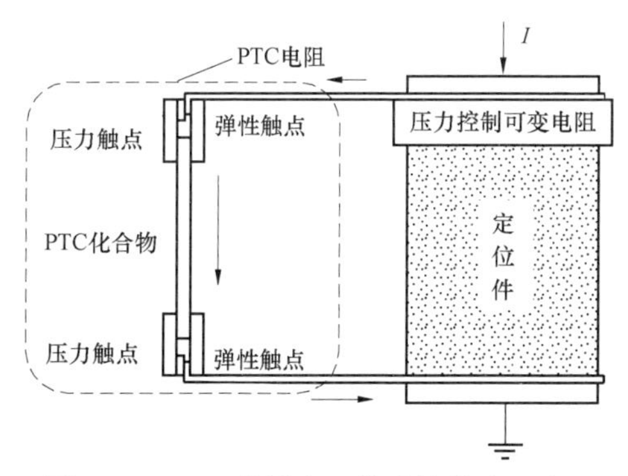

图 4–12　PTC 热敏电阻构成的故障限流器

参考文献［62］给出了 PTC 热敏电阻作为故障限流器的电—热模型，PTC 热敏电阻的稳态和暂态响应，PTC 热敏电阻故障限流器的设计参数和原则。参考文献［63］提出了一种能应用于中压配电网络上的 PTC 热敏电阻故障限流器，它由一系列 PTC 热敏电阻和压力控制可变电阻并联单元串联构成。压力控制可变电阻起到限压、分流作用，防止 PTC 热敏电阻因为承受过高电压而烧毁。该 PTC 热敏电阻故障限流器性能测试结果表明其可以在 1.5ms 内将 6.5kA 的短路电流限制到 1.13kA。

3. 超导故障限流器

在一定温度和磁场条件下，超导体能够无阻传输小于其临界电流值的电流，当通过超导体的电流大于其临界电流时，超导体从超导态转变为常态。利用超导体的上述性质，可以制造超导故障电流限制器（SCFCL）。SCFCL 在系统正常运行状态下呈现很小的阻抗，对电力系统运行不产生影响。当系统因故障等原因出现大电流且其值大于超导体的临界电流时，超导体瞬时失超产生非线性高电阻，从而限制了短路电流。因限流器形式不同，其阻抗可能是电阻性、电感性或混合性的。

超导故障限流器按结构主要分为无铁芯和有铁芯两大类：无铁芯型包括电阻型和桥路型超导故障限流器；有铁芯型包括饱和铁芯型、变压器型、磁屏蔽型和三相电抗器型超导故障限流器。此外，还有由可变耦合磁路的常规变压器和无感绕制的超导触发绕组组成的混合型超导故障限流器。

根据动作原理的不同，可将超导故障限流器分为失超型和不失超型 2 种：失超型利用超导体从超导态到常态的阻抗急剧变化特性改变线路阻抗；不失超型则通过辅助电路实现线路阻抗的改变。在系统正常运行时，失超型限流器处于低阻状态。当故障电流超过限流器的动作电流时，失超型限流器进入高阻状态，并维持恒定；不失超型限流器则随着线路电流的周期性变化在高阻与低阻状态之间切换。

不失超型超导限流器主要分饱和铁芯型和桥路型 2 种类型。它们都通过辅助电路实现线路阻抗的改变，超导绕组始终处于超导状态。

下面简要介绍电阻型、桥路型、饱和铁芯型、变压器型、混合型、磁屏蔽型和三相电抗器型超导故障限流器。

（1）电阻型超导故障限流器。电阻型超导故障限流器由低交流损耗的极细丝超导电缆无感绕制的绕组（称为触发绕组）组成，如图 4–13 所示。为了降低触发绕组转变时产生的过电压，通常要并联一个限制绕组或限制电阻。限制绕组可以是常规的，也可以是失超电流比触发绕组高得多的超导限制绕组，在限制期间不会失超。正常运行期间，触发绕组处于超导态，由其交流损耗和漏感决定的阻抗很小，线路电流全部通过触发绕组。在故障情况下，短路电流很快超过触发绕组的临界电流，触发绕组瞬间变为常态出现高阻，电流被转换到限制绕组或限制电阻中去，从而限制了故障电流。

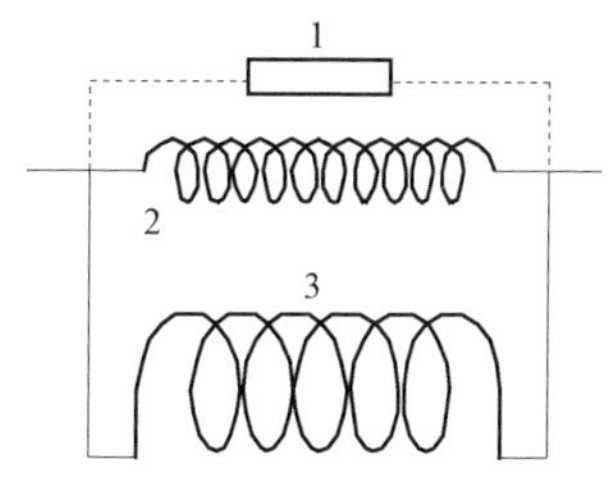

图 4–13　电阻型超导故障限流器

1—限制电阻；2—触发绕组；3—限制绕组

法国于 1995 年成功研制了 40kV/315A 的电阻型实验样机。日本也开发了用于配电网的 6.6kV/2kA 非感应型低温超导故障限流器，其研制的故障限流器模型已接近实用化水平。西门子公司和 Hydro Quebec 采用 YBCO 高温超导薄膜研制出 100kVA 的电阻型高温超导故障限流器，并计划研制 10MVA 的模型。法国采用 Bi–2223 高温超导棒材研制电阻型超导故障限流器，并通过了 1080A/1100V 试验。英国采用 Bi–2212 高温超导棒材研制出 7.5MVA 的电阻型超导故障限流器模型。

（2）桥路型超导故障限流器。桥路型超导故障限流器如图 4–14 所示，短路电流的检测主要由二极管桥路完成，超导绕组 L 的主要提供偏流和限制短路电流。直流偏压电源为超导绕组 L 提供偏流 i_L，调节 V_b 的大小，使 i_L 大于线路正常电流 i_{AC} 的峰值，于是二极管桥路（D1～D4）始终导通，除了桥路上有小的正向压降外，装置对 i_{AC} 不产生任何阻抗。在故障情况下，当 i_{AC} 幅值大于偏置电流 i_L 时，在 i_{AC} 正半周期内二极管 D3、D4 不导通，而在负半周期内 D1、D2 不导通。超导绕组 L 被自动地串入线路，故障电流就被绕组 L 的大电感所限制。参考文献［39］介绍一种适用于高压电网的三相接地系统桥式固态短路故障限流器的拓扑结构、工作机理和控制策略。

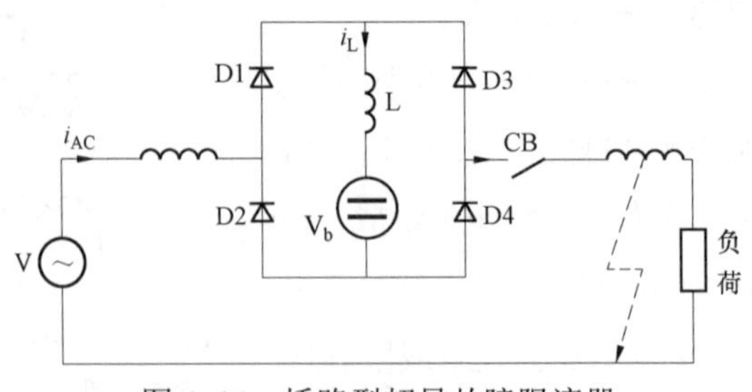

图 4–14　桥路型超导故障限流器

根据桥路型超导故障限流器的工作原理，在桥路型超导故障限流器中可以使用高温超导绕组。美国高温 SCFCL 攻关小组认为，用高温超导（High–Temperature Superconductor，HTS）材料制造桥路型超导故障限流器是费用最低的方案。美国于 1995 年研究开发了一台 2.4kV/2.2kA 的桥路型高温超导故障限流器，该限流器在加州成功地通过了 6 个星期的试验运行，它能在故障后 8ms 内做出反应，将故障电流的第 1 个峰值限制在不接限流器时的 52%，第 1 峰值过后，故障电流被限制在 42%。美国利用 3 个 Bi–223 高温超导绕组研制出三相 15kV/20kA 的桥路型超导故障限流器，并拟商品化生产。中国科学院电工研究所于 1997 年在国家超导联合中心支持下，开始研制 1kV/100A 桥路型 SCFCL，完成了电路的初步设计，并用 NbTi 导线绕制了内径 142mm、外径 158mm、高 277mm 的磁体。

（3）饱和铁芯型超导故障限流器。饱和铁芯型超导故障限流器由 1 对铁芯电抗器组成，其中 1 个铁芯内的直流磁场与交流磁场同向，另 1 个铁芯内的直流磁场则与交流磁场反向，如图 4–15 所示。具有很大安匝数的直流超导偏置绕组（图 4–15 中绕组 3、4）使 2 个铁芯处于深度饱和状态，当额定交流电流通过交流绕组（图 4–15 中绕组 1、2）时，由于铁芯处于深度饱和状态，交流磁场不足以使铁芯脱离饱和区，因此整个系统在电网中处于低阻抗状态；而当电力系统出现短路故障时，瞬间增大的电流使交流绕组在铁芯中产生的磁动势接近于直流磁动势，铁芯由饱和状态进入非饱和状态，系统呈现高阻抗，从而自动限制了电网中的短路电流。由于限流器由 2 个完全相

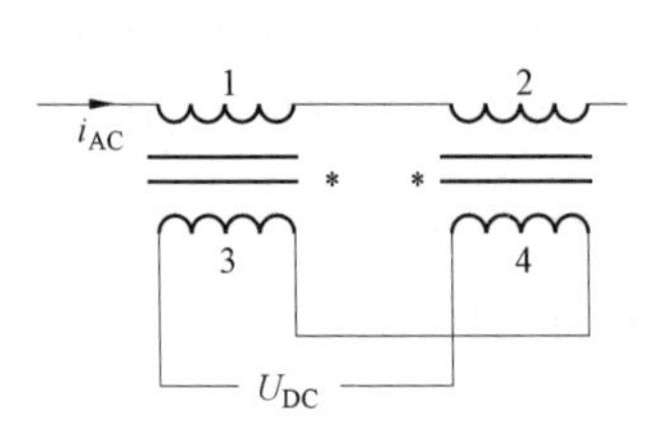

图 4–15　饱和型超导故障限流器

同但反向连接的铁芯电抗器组成，短路电流使 2 个铁芯在 1 个周期内交替饱和，装置的阻抗增大，因而正、负半周期内的短路电流均可以得到限制。

英国于 1982 年提出设想并试制了 3kV/556A 饱和型超导故障限流器样机。澳大利亚 Wollongong 大学和 NSW 大学在 1994 年完成了 20V/2A 的高温超导故障限流器概念设计，并于 1997 年研制出套银陶瓷 HTc 材料，在 6.9kV 电网上的实验结果证明，利用该材料制造的高温超导故障限流器能有效地抑制故障电流。

（4）变压器型超导故障限流器。变压器型超导故障限流器由通过负荷电流的一次常规绕组、短路的超导二次绕组和铁芯组成，如图 4–16 所示。正常运行时，变压器因二次短路而呈现低阻抗；故障时，变压器二次因感应电流很快超过其临界电流而失超，于是二次阻抗瞬间变大，导致变压器的等效阻抗增大，从而限制短路电流的增加。基于上述原理研制的变压器型超导故障限流器兼有变压器和限流器的功能。

法国 GEC Alsthom 于 1992 年研制了 63kV（有效值）/1.25kA（有效值）/5.3kA（峰值）的变压器型 SCFCL，实验证明短路电流被限制在 350A 以下，在 1994 年根据传统的跳开—重合—跳开（O—C—O）操作规程，又研制了 150V/50A 变压器型 SCFCL 模型，解决了快速恢复超导性问题，并降低了电流引线损耗。

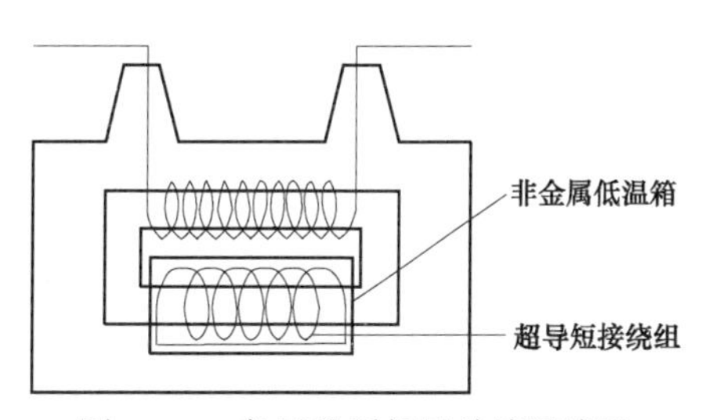

图 4–16　变压器型超导故障限流器

（5）混合型超导故障限流器。混合型超导故障限流器由可变耦合磁路的常规变压器和无感绕制的超导触发绕组组成。超导触发绕组与变压器的二次绕组串联［图 4–17（a)］或与二次绕组并联［图 4–17（b)］。正常运行时，磁路不饱和，一、二次绕组间的耦合良好。因为一、二次绕组彼此反绕（串联时）或二次绕组被超导绕组短路（并联时），所以装置的阻抗非常小。当线路发生故障时，二次绕组电流增大，超导绕组因电流达到临界电流而失超。串联时二次绕组自动接入一高电阻，大部分电流转入一次绕组并为一次绕组电抗所限制；并联时变压器阻抗增大，限制了故障电流。

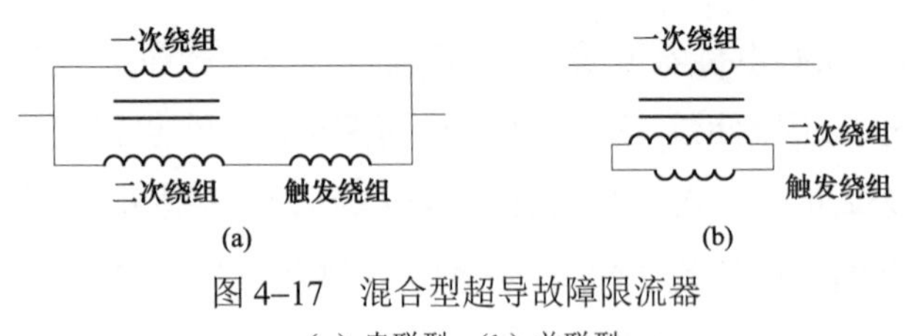

图 4–17　混合型超导故障限流器

（a）串联型；（b）并联型

（6）磁屏蔽型超导故障限流器。磁屏蔽型超导故障限流器基本结构如图 4–18 所示，它由外侧的铜绕组、中间的超导圆筒和内侧的铁芯同轴装配而成。铜绕组正常接入电网。正常运行时，超导圆筒为超导态，铜绕组产生的磁通将在短路的超导圆筒上感应出屏蔽电流，所产生的磁通抵消铜绕组产生的磁通，装置的阻抗仅由铜绕组和超导圆筒间的气隙漏磁通决定，表现出低阻抗。当发生短路故障时，超导圆筒因感应电流快速增大到临界值而产生足够大的电阻，使圆筒不再能屏蔽铜绕组的磁通，使装置阻抗增大，限制了故障电流。

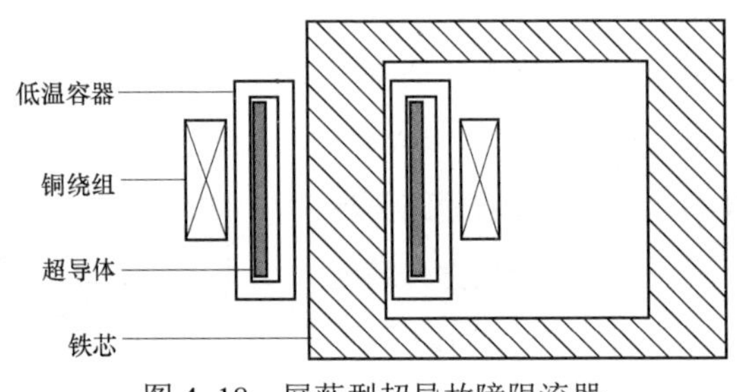

图 4–18　屏蔽型超导故障限流器

目前已研制的高温超导故障限流器大部分是磁屏蔽型的，其原因是高温超导材料相对比较容易制成各种形状的大块材料。瑞士 ABB 公司在 1994 年研制出 100kW 限流器模型，1996 年研制成商业化的 1.2MVA 三相 SCFCL，并成功地进行了 1 年的试运行。以色列于 1995 年在 380V 电网上实验了 1kV/25A 的样机。加拿大 Hydro Quebec 公司在 1996 年实验研制了 43kVA 限流器模型，该公司还和德国西门子公司合作研制了 100kVA 屏蔽型高温超导故障限流器。日本电力工业公司中央研究所采用高温超导薄膜（厚膜）圆筒研制了 6.6kV/400A 的屏蔽型高温超导故障限流器。

（7）三相电抗器型超导故障限流器。三相电抗器型超导故障限流器的结构如图 4–19 所示，它由绕在单铁芯上的 3 个匝数相同的超导绕组组成。正常运行时，三相电流平衡，其和为 0，铁芯中无磁通变化，装置表现出很小的阻抗。当发生单相对地故障时，三相电流失衡，电抗变得非常大，故障电流被很大的零序电抗所限制。当发生两相或三相短路故障时，装置的电抗不增大，当故障电流达到超导绕组的临界电流时，超导绕组失超，故障电流被较大的常态阻抗所限制。

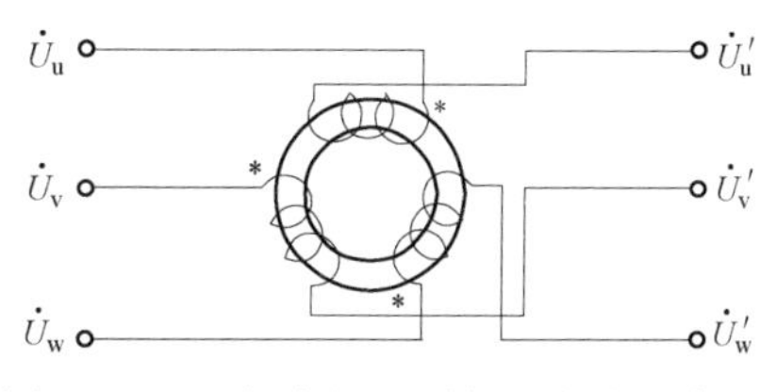

图 4–19 三相电抗器型超导故障限流器

日本于 1992 年用 NbTi 导线制造了 200V/13A 的三相电抗器型超导故障限流器，并进行了挂网试验。

4. 电磁型故障限流器

参考文献［64］提出了一种由具有交流绕组的 U 形铁芯和具有可调空气隙的衔铁组成的电磁型故障限流器。在正常情况下，空气隙较大，交流绕组串入线路的感抗较小。当发生短路故障后，短路电流产生的磁场力会在短路发生后的半个周期内动作，克服外力吸引衔铁，使空气隙减小，使交流绕组的感抗增大以达到限制短路电流的目的。

参考文献［65］提出了一种由 2 个永磁体和 2 块高饱和磁通密度的铁芯构成的故障限流器。正常情况下，永磁体使 2 块铁芯高度饱和，串入线路的等效感抗很小。短路故障情况下，短路电流与永磁体产生的磁动势在每半个周期内总是在 1 个铁芯中相互加强，在另 1 个铁芯中相互抵消，使 2 个铁芯在饱和与不饱和之间交替变化，每半个周期内都有 1 个铁芯不饱和，此时不饱和的铁芯产生大的感抗，限制短路电流的增加。典型的电磁型故障限流器结构如图 4–20 所示。

5. 熔丝型故障限流器

图 4–21 是一种典型的熔丝型故障限流器。在正常条件下，开关 S 闭合，负荷电流不流过熔丝 F 和限流电阻 R。发生短路故障后，传感器检测到线路中电流幅值的增加或电流幅值变化率的增加，打开开关 S，使短路电流流过熔丝 F 逐步过渡到限流电阻上。当熔丝完全融化后，开关 S 要承受恢复电压的作用。

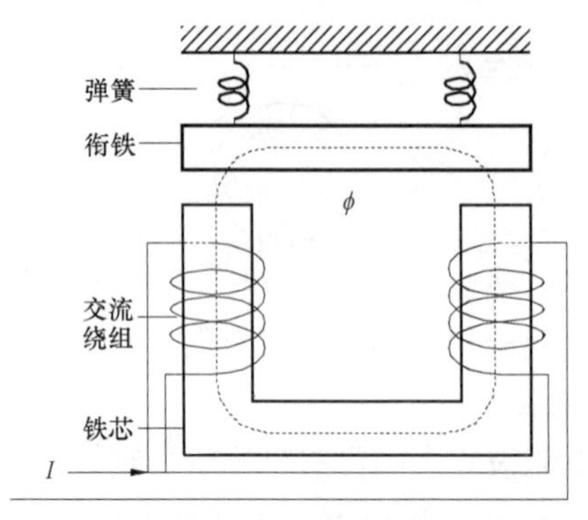

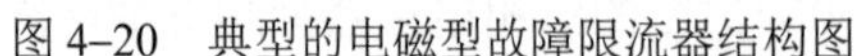

图 4–20　典型的电磁型故障限流器结构图

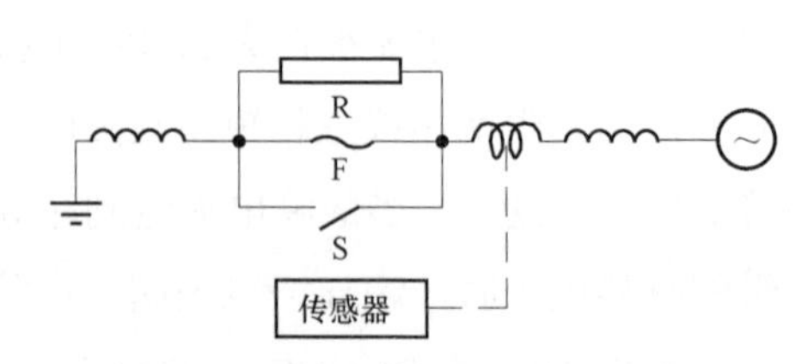

图 4–21　一种典型的熔丝型故障限流器

由于熔丝的持续运行额定值不高（例如当额定电压为 15kV 时，最大负荷电流为 300A），熔丝较少用于 15kV 以上的中压配电网络。为了解决这个问题，参考文献［67］提出一种应用于 15kV 配电网络的熔丝型故障限流器，它由并联的载流元件和限流元件组成。正常情况下，可以允许 3000A 的负荷电流流过载流元件。发生短路故障后，电力电子电路发出触发脉冲，点燃载流元件上的化学填料，断开载流元件使短路电流流过熔丝，起到限制短路电流的作用。

6. 电弧型故障限流器

参考文献［42］、［68］提出了一种电弧型故障限流器，其主要由换流元件、高速开关、限流元件组成，如图 4–22 所示。在正常情况下，电流从闭合的高速开关流过，不经过换流元件。当发生短路故障后，高速开关断开，产生的电弧在开关之间燃烧，在电动斥力的作用下，电弧向换流元件顶端移动直至电弧熄灭，此时，限流元件被接入到主电路中，起到限流作用。电弧型故障限流器的优点是可重复使用、结构简单、响应速度快，一般用于中、低压配电网络。参考文献［69］介绍的适用于 6kV 配电网的原型机能把峰值为 31.5kA 的短路电流限制到 11.6kA。一种应用于 15kV 配电线路的电弧型限流器于 1989 年在纳勒拉斯卡的林肯变电站里

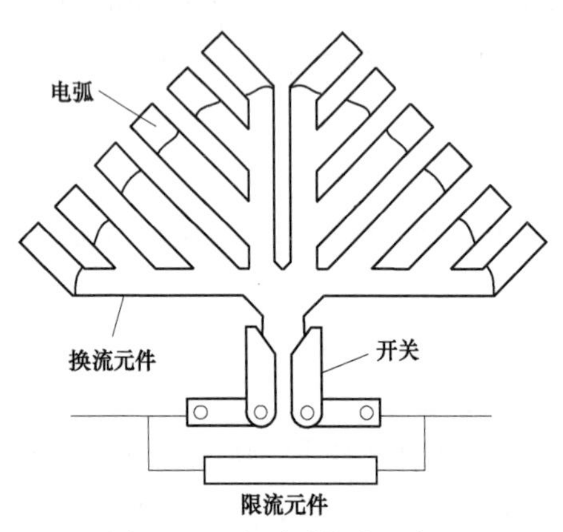

图 4–22　电弧型故障限流器

作了现场试验，历经了 19 次短路，曾将短路电流由 3900A 降低到 2140A。

以上介绍的各类限流器中有 2 类具有较广阔的应用前景：第 1 类是采用大型电力电子器件作为控制手段的限流器；第 2 类是采用超导材料和具有正温度系数（PTC）的聚合材料作为基本组成部分的限流器。

第五章

华东电网短路电流治理历程

华东电网覆盖上海、江苏、浙江、安徽和福建五省市，截至十二五末（2015年底），华东全网统调装机容量 275 273MW（含阳城），其中，火电装机容量 22 8534MW，占 83.02%；水电装机容量 15 249MW，占 5.54%；抽水蓄能机组容量 6980MW，占 2.54%；核电装机容量 14 019MW，占 5.09%；风电及其他装机容量 10 491MW，占 3.81%。2015 年全网统调发电量 11 230.9 亿 kW·h，用电量 12 394.29 亿 kW·h，统调用电负荷 222 419MW。

全网 1000kV 厂站 8 座，变压器共 13 台；500kV 厂站共 211 座，其中变电站 138 座、开关站 6 座、电厂 67 座，500kV 变压器（不含机组升压变压器）共 318 台；220kV 变电站共 1381 座，变压器共 2827 台。

华东 500kV 电网从 1987 年开始建设，历经近 30 年的发展，已经形成结构坚强、联系紧密的网格状电网，但也带来了短路电流严重超标的问题，为此华东电网开展了长达十余年的 500kV 电网短路电流治理工作，并取得了良好的效果。

第一节　华东电网 500kV 线路投运初期（1987～1992 年）

1987 年 6 月 9 日，500kV 洛繁 5301 线的正式投运标志着华东电网进入一个新的发展阶段。1992 年 8 月 4 日繁斗 5904 线投产，8 月 7 日洛平 5303 线投产，短短 5 年多时间内，华东电网累计投产 500kV 线路共 16 条，总长度为 2090.8km，变压器 17 台，总变电容量为 3000MVA（6×500MVA），并形成了繁昌—斗山—黄渡—南桥—瓶窑—繁昌 5 站 776.64km 的单环网结构，与安徽省内的洛河—平圩—繁昌3个厂站500kV单回线路环网相连，500kV核心环网结构初具规模。

华东500kV 建网初期，在1987、1988年间投产了8条500kV线路，形成了东起徐州经江都、斗山到黄渡，西起淮南经繁昌、瓶窑到上海南桥的U形电网，网架相对薄弱，同时由于直接接入500kV 电网的电厂机组很少（国内第1台600MW机组平圩电厂1号机于1989年11月4日投运），500kV线路轻载，潮流普遍不大于500MW，稳定矛盾不突出，短路电流问题没有显现。1989年，全网500kV短路容量普遍在10 000MVA以下，最大的黄渡变电站在特殊大方式下仅为15 626MVA。

1989～1991年，单回路500kV线路与并行的多回路220kV联络线（含220kV省际联络线）之间，大量采用电磁环网的运行方式。这一阶段，随着平圩、石洞口二厂、北仑港三大电厂的接入500kV电网系统，形成了华东500kV单环网。短路容量虽然有所增加，但远低于断路器遮断容量，电网的主要矛盾是暂态稳定和事故后热稳定问题。1992年全网500kV短路容量普遍上升到10 000MVA以上，最大的黄渡站在特殊大方式下接近20 000MVA。

第二节　220kV省际联络线开断和省市内部电磁环网解开时期（1993～2002年）

1993～2002年，华东500kV电网逐步从500kV单回线路向500kV双回线路发展，特别是世界银行贷款“华东江苏500kV输变电项目”的建设，结束了十年江苏500kV徐沪单回线路运行的历史，电网稳定水平有了大幅度的提高，但是部分220kV线路过负荷问题使得500kV电网的输送能力难以发挥，220kV系统短路电流超标等一系列问题也相继出现。这个时期，500/220kV电磁环网运行是华东电网的最大薄弱环节。因此，1993年华东电网总工程师会议提出了积极创造条件，分阶段、有步骤地实施220kV省际联络线开断的工作。

根据会议要求，华东电网调度部门根据电网实际情况，通过对电网各种运行方式下的潮流和稳定计算分析，制定了220kV省际联络线开断的实施细则和运行规定，对电网的薄弱环节提出了相应的措施。1997年，黄渡4号主变压器投产后，开断了苏沪和苏浙220kV省际联络线，1997年通过运行方式调整，开断了沪浙220kV省际联络线，实现了沪、苏、浙之间220kV省际联络线的开断，并于1998年12月31日实施了苏皖220kV省际联络线的开断。至此，华东电网220kV省际联络线全部开断。2001年开始，华东电网逐步开展省（市）内部500/220kV电磁环网的开断工作。

省际联络线开断和220kV电网分层分区运行后，大大改善了电网结构并提高了500kV电网的潮流输送水平，使得华东500kV电网真正发挥了主网架的作用，同时也降低了220kV电网的短路电流水平。以上海黄渡变电站为例，开断前后220kV母线短路容量由17 798MVA下降到16 387MVA。

20世纪80年代开始，华东电网长时间处于极度缺电状态，用电形势非常紧张，为最大限度地满足用电需求，要求600MW主力机组必须接入500kV电网，300MW机组有条件的也建议接入500kV电网，这一时期投产的主力机组在华东电网电力资源匮乏的情况下起到了不可替代的作用，但主力机组接入500kV主网，密集的电网结构导致枢纽变电站短路电流升高。

在这一阶段，500kV电网还不够密集，接入500kV电网的电厂还比较少（截至2002年底，华东电网接入500kV电网的电厂共9座，装机容量为13 840MW），500kV短路电流超标还没有成为制约电网运行的主要问题。但是，随着220kV网架的不断加强，220kV母线三相短路电流超标成为威胁系统安全运行的主要问题，省市内部的分层分区工作在这一阶段陆续展开，如上海在2002年已经实现杨行、黄渡、泗泾、南桥、杨高分区四片运行，江苏实施了常州—无锡电网220kV联络线的解环运行。

第三节　500kV电网短路电流超标问题初露端倪（2003～2006年）

2002年，随着中国经济的再次腾飞，华东500kV电网迎来了历史上发展最快的阶段。随着电网的快速发展，华东电网的运行矛盾也发生了变化，逐步从暂态稳定问题向事故后热稳定、短路电流超标等问题转变，这一阶段，华东电网的发展具有以下特点：

（1）华东500kV电网迅速形成了网格状、联系极度紧密的500kV网格状电网，从而在短短几年内，替代 220kV 电网成为华东电网的主网架。这一阶段，220kV 电网为解决短路电流和电磁环网问题，大规模采用分层分区的方式，解开分区之间的联络线。上海电网逐步形成了正常情况下 1 个 500kV 变电站带 1 片分区负荷的运行方式，从而对 500kV 电网的运行可靠性提出了很高的要求，因此在 500kV 短路电流治理中需要考虑分区负荷的可靠供电等问题。

（2）除了个别 500kV 电厂外，华东电网 500kV 厂站均采用 3/2 接线方式。3/2 接线结构稳定，失去任何一个元件，一般情况都不会破坏电网结构，对不同运行方式下的电网稳定运行非常有利。同理，拉开任何一个开关或元件，对短路电流的影响也很小，因此对短路电流的治理不能照搬 220kV 电网的分母或分层分区方式，而要采用新的运行方式、控制手段和技术路线。

（3）大量 600MW 机组接入 500kV 电网，使得上海、苏南、浙北各个 500kV 厂站短路容量快速增加。1 台 600MW 及以上机组的接入对近区电网提供 1～2kA 的短路电流（由于华东地域狭小，负荷中心 500kV 线路一般在 50km 以内），以嘉兴地区为例，接入 500kV 的电厂有嘉兴二厂 6 台 600MW 机组，秦山核电二、三期 6 台 600MW 以上机组，以及方家山核电 2 台百万机组，这些机组给 500kV 王店变电站提供的短路电流超过 18kA。

（4）大量采用自耦变压器。由于自耦变压器具有中性点绝缘成本低、传导效率高、占地面积小等优点，在 35kV 以上电网中推荐使用，因此在华东 500kV 电网中除了极少数三相五柱式变压器外，均采用自耦变压器，由此带来 220kV 电网的单相短路电流快速增加，最终全面超过三相短路电流的问题，成为短路电流超标问题的主要因素之一。2004 年，兰亭变压站 220kV 母线单相短路电流首次超过三相短路电流，并超过断路器遮断容量，单相短路电流的治理也成为短路电流整体治理的重要组成部分。

（5）早期投产的 500kV 变电站普遍采用 50kA 遮断容量的断路器，这些变电站往往建设在负荷中心，也理所当然地成为华东 500kV 主网架的枢纽变电站。这些变电站在华东电网快速发展期间，最先产生短路电流超标问题，而对这些变电站的短路电流治理也是华东电网面临的主要问题。

电网规模的快速发展使得各 500kV 变电站的电气距离迅速变短，大容量机组大量接入 500kV 电网，使得近区 500kV 厂站的短路容量迅速超过断路器遮断容量。2003 年，随着秦山二期、三期机组和长兴二厂机组的相继投运，瓶窑变电站 500kV 母线三相短路电流在 2003 年底达到 51.1kA，超过断路器 50kA 的遮断电流。2003～2006 年是华东电网整体短路电流大幅提高的时期，在 2006 年底，华东电网有 10 个 500kV 变电站短路容量超标，其中 5 个变电站超过 63kA 的断路器遮断容量（见表 5–1），甚至出现了晋陵变电站一投运即超过 63kA 的断路器遮断容量，无法全接线运行的现象。

表 5–1　　2006 年华东 500kV 枢纽变电站短路电流　　kA

变电站名称	不采取措施		采取措施		断路器遮断容量
	年中	年底	年中	年底	
南桥	56.94	57.64	39.91	40.33	50
黄渡	64.39	65.34	49.44	50.04	50
徐行	62.05	62.81	56.18	56.92	63
武北	52.98	62.75	29.15	42.58	63
武南	69.12	72.63	53.71	56.37	63
斗山	55.93	59.35	40.40	44.25	50
石牌	64.54	66.27	57.14	58.75	63
江都	36.68	49.19	31.09	46.07	50
兰亭	46.10	48.93	45.80	48.67	50
王店	63.96	65.09	61.24	62.39	63

短路电流超标问题引起了华东电网管理层的高度重视，从 2002 年开始，根据 2003～2009 年规划水平年设备投产进度，对 500kV 电网的短路电流问题进行了全面研究，通过综合治理的方式解决 500kV 短路电流超标问题，积累了丰富的经验，取得了良好的效果。

根据调度部门的研究分析，仅仅通过运行方式的调整无法解决全网性短路电流超标问题，需要规划、生产和调度部门通力合作才能最终将 500kV 短路电流控制在断路器遮断容量范围内。因此，原华东电网公司决定分三步走的方式对全网的短路电流进行治理。

（1）第一阶段。由于设备更换需要时间，规划调整和实施需要的时间更长一些，因此在短期内只能采用运行方式的调整、变电站的局部改造，以及加装中性点小电抗抑制短路电流不超过断路器遮断容量。这一阶段，通过拉开 500kV 中断路器、线路出串、拉停线路、变压器加装中性点小电抗等方式，控制枢纽站的短路电流水平，保证了电网的安全运行。

（2）第二阶段。调度和生产技术部门通力合作，调度依然采用运行方式调整进行抑制，生产部门开始对 50kA 遮断容量的断路器进行全面更换，并采用将瓶窑变电站的 500kV 母线分裂运行，加装串联电抗器、可控串联电抗器、中性点小电抗器、中性点小电阻等技术手段提高电网短路电流的承受能力。

（3）第三阶段。规划部门从规划上对整个华东电网进行网架梳理，对接入线路过于密集的 500kV 变电站进行脱环，将省际联络线接入不同的输电通道、将 600MW 机组降压接入 220kV 电网，拉长变电站之间的电气距离，降低发电机对 500kV 系统提供的短路电流，从而将整个电网的短路电流水平控制在合理的范围之内。

综上，在 2003～2006 年这一阶段，主要采用运行方式的调整抑制短路电流，同时规划、生产、调度等各部门通力合作，研究短路电流的抑制措施，形成了整体解决方案，并开展了方案实施的准备工作。

第四节　500kV 电网短路电流综合治理期（2007～2017 年）

2007～2017 年是华东电网抑制短路电流各项措施实施的时期，同时也是电网发展速度最快的阶段。一方面，短路电流超标的厂站越来越多；另一方面，各种短路电流抑制措施的探索和实践也不断丰富。这一阶段工作重点主要集中在以下 6 个方面：

（1）所有 500kV 变电站断路器遮断容量均提升至 63kA。2003 年，华东电网对未来 500kV 电网短路电流水平的分析表明，为满足 500kV 断路器 50kA 遮断容量采用的措施将对电网的安全运行产生不利影响，因此 2005 年开始着手研究斗山变电站 500kV 断路器的整体更换方案，并于 2006 年完成了斗山变电站 500kV 断路器的整体改造，后续几年陆续对黄渡、杨高、南桥、瓶窑、繁昌、东善桥等变电站进行了 500kV 断路器的整体更换工作。整个华东电网的断路器更换工作持续了接近十年，直到 2014 年随着双龙站 500kV 断路器更换完成，所有 500kV 变电站断路器遮断容量最终均达到 63kA 开断水平。

（2）串联电抗器和可控串联电抗器的应用。线路加装串联电抗器可以拉长两个变电站之间的电气距离，由于上海电网是双环网结构，理论上也就拉长了整个环网上各站的电气距离。同时，串联电抗器串接在线路中，由于正常运行时线路潮流大部分时段均在自然功率以下，铜损和铁损比较小，对整个电网的电能损耗影响比较小，具有比较高的运行经济性。由于上海电网地域狭小，为保证城市供电的可靠性，电网结构非常紧密，很难通过规划拉长各站之间的电气距离，因此加装串联电抗器成为上海电网解决短路电流问题的首选。华东电网从 2004 年开始论证加装串联电抗器的可行性和实施方案，并在 2008 年 5 月 23 日，在渡泗 5108/5118 线路上安装了国内首个串联电抗器装置，有效抑制了电网的短路电流，达到了预期的效果。

为了进一步增加电网运行的经济性，华东电网在 2005 年开始研究可控串联电抗器的可行性，并作为科技项目立项并实施，于 2009 年在瓶和 5411 线路上加装了可控串联电抗器，并对可控串联电抗器的运行经济性进行了持续跟踪，具体见本书可控串联电抗器的相关章节。

（3）500kV 母线分裂方式的研究。华东区域地域狭小，建设用地紧张，在无法于老变电站附近新建变电站的情况下，将一个变电站的 500kV 母线分裂成 2 段并加装分段断路器，一方面可以从物理上将 1 个变电站变成 2 个变电站运行，解决单个变电站馈入线路过多导致电气距离过短的问题，另一方面在短路电流问题解决以后，可以通过合上分段断路器，仍然恢复原接线方式，保持电网结构的完整性。华东电网对此解决措施也进行了实践和探索，对 500kV 瓶窑变电站的母线分裂方案进行了研究，并于 2004 年实施，为日后解决浙江电网的短路电流问题赢得了时间。同时，从规划上考虑了未来电网结构持续加强情况下分裂运行的可能性，上海 500kV 徐行变电站在基建阶段就在 500kV 2 段母线上加装分段断路器，并配置相应的保护，增加了电网运行的灵活性。

（4）500kV 变压器中性点小电抗（阻）的大规模采用。华东电网 500kV 变压器基本采用自耦变压器，自耦变压器虽然具有很多优点，但也带来了 220kV 单相短路电流远超三相短路电流的问题。虽然 220kV 可以通过分层分区、母线分段运行等方式解决短路电流问题，手段多样灵活，但是过小的分区以及 220kV 母线分列运行对供电可靠性影响很大。华东电网通过加装主变压器中性点小电抗、小电阻或小阻抗的方式来解决单相短路电流超过三相短路电流的问题，取得了良好的效果。目前，苏南、浙北和上海电网的 500kV 主变压器基本都安装了主变压器中性点小电抗。由于 500kV 电力系统是不接地系统，如果主变压器全部安装中性点小电抗，对系统绝缘将产生决定性的影响，为此，华东电网对主变压器中性点小电抗的应用范围和后果进行了专题研究，本书在后文也将进行详细论述。

（5）600MW 机组改接 220kV 电网。一般情况下，1 台 600MW 机组对近区电网的短路电流影响为 1～2kA，如果能将 600MW 机组接入低一级电压等级电网，由于主变压器阻抗的影响，将大大降低 500kV 短路电流，为此华东电网进行了相应的研究。由于华东电网 500kV 主变压器以降压变压器为主，600MW 机组接入 220kV 地区电网后出力需要地区消纳，同时 600MW 机组的接入对 220kV 电网的送电能力和紧密程度有比较高的要求，因此该项工作进展缓慢，直到 2011 年才实施了北仑港电厂 1 号机改接宁波 220kV 电网的工作。

（6）500kV 网架结构调整。在规划阶段提前介入，对网架结构进行调整，结合未来电网电力流的走向，减少短路电流中严重超标的枢纽站联络线，既可以保证电网的安全稳定运行，又可以减轻短路电流超标问题对电网运行方式的制约，是短路电流综合治理的重要手段。华东电网从“十一五”后期开始，先后实施了新建乔司变电站以减少 500kV 瓶窑变电站的出线、武南脱出工程、桐乡变工程等一系列的规划调整措施，取得了良好的效果。

这一阶段，华东电网受制于短路容量超标，运行矛盾非常突出，以短路电流矛盾最突出的 2012 年为例，如果不采取运行方式调整的措施，全网有 18 个 500kV 变电站短路电流超标，最大的达到 100kA 以上，为此不得不拉停大量线路，上海 500kV 电网无法保持环网运行，大大降低了电网运行的安全性和可靠性，在电网安排设备检修或事故处理时，需要对方式进行大规模的调整以满足短路容量的要求，电网运行的灵活性也严重受限。但这一阶段抑制短路电流的各项措施在电网中逐步试验并推广，成为解决短路容量超标问题的基本措施。

2013 年 6 月 19 日苏南地区 500kV 武南脱出工程的实施，标志着华东电网短路电流的治理进入收获期，从规划、生产和调度三管齐下治理短路电流超标矛盾始见成效。

2013 年 6 月 19 日，苏南地区“500kV 武南脱出工程”投运，苏南日形双环网扩大为口形双环网，苏南地区的短路电流超标问题得到了大幅缓解。

2014 年 11 月 29 日，上海 500kV 杨行变电站高行 5109 线、桥行 5110 线串联电抗器投运，上海电网短路电流得到了有效抑制，上海电网终于结束了长达 8 年的拉停部分双环网线路的运行方式，正常方式下上海电网可保持双环网运行。

2015 年 6 月 14 日，浙北地区 500kV 桐乡变电站投运，将方家山核电站和嘉二厂解耦，大大缓解了浙北地区的短路电流以及对嘉二厂运行方式的限制。

这一系列重大工程的实施，使得华东电网的运行方式在控制短路电流最困难的时期，即从运行方式调整最大的 2009 年“10 拉停（拉停 10 条线路，下同）4 出串（8 条线路站内出串运行）拉停 2 个中开关”且限制北仑港电厂 1 台机开机方式，减少到 2017 年夏季高峰的“2 拉停 2 出串”，华东电网的短路电流综合治理取得了良好的成效。

第六章

华东电网短路电流治理的限流设备

随着电力系统规模的不断扩大，负荷密度逐渐增大，电网的联系越来越紧密，电网的短路电流值越来越高。短路电流值过大甚至超标成为限制电网运行的重要因素。

更换断路器是解决短路电流超标的手段之一，但短路电流超标的变电站一般为枢纽变电站，需更换的断路器数量多，且短路电流流过的其他一次设备及接地网等也需更换。尽管更换断路器对电网的运行特性无影响，但其投资大、工期长，可能使电网枢纽变电站长期处于非正常运行方式。

因此，国内外普遍采用限制短路电流增长的方法解决短路电流超标问题。限制短路电流可以从电网结构、运行方式和短路电流限制器（以下简称限流设备）三方面实现。

限流设备是目前国内外电力系统研究的热点，其大致分为以下四类：

（1）传统型。利用串联电抗器限制短路电流，这种方法技术成熟，在电力系统中有大量应用，但可能降低电网运行的稳定性。

（2）电力电子型。利用电力电子开关快速切断或转移短路电流，其限流元件仍为电抗器。这种方法的主要问题是电力电子器件的参数要求高，运行损耗大等。

（3）特殊材料型。采用具有特殊性质的材料，如超导材料和具有正温度系数（PTC）的材料等，作为限制短路电流的阻抗器。电网正常运行时，限流阻抗值几乎为零，一旦发生短路故障，短路电流超过临界电流，则呈现出显著的限流阻抗。这种短路电流限制器因受限于新材料的发展，多处于实验阶段。

（4）综合型。即将上述多种类型的电流限制技术综合在一起应用。

对于超高压电网来说，传统的串联电抗器技术是现阶段最有可能采用的短路电流限制措施。

本章简要介绍华东电网短路电流治理中采用的串联电抗器、高阻抗变压器、故障电流限制器等主要限流设备。

第一节　串联电抗器

一、串联电抗器应用概述

串联电抗器的实质是通过增加系统联系阻抗，降低电网的紧密程度，从而降低变电站短路容量。

串联电抗器按控制类型可分为常规串联电抗器和可控串联电抗器。

（1）常规串联电抗器即为不可控电抗器，其优点是运行方式简单、安全可靠，但会增加无功损耗及有功损耗，有时会降低系统的稳定性，并需对现有线路上的距离保护方案进行修改。

（2）可控串联电抗器在系统正常运行时对电网的影响很小，在系统发生短路时能快速限制短路电流。可控串联电抗器正常工作时导通控制器件关断，L/C谐振，阻抗为零，短路故障时导通控制器件快速导通，电路谐振状态改变，呈现出很大的阻抗，从而限制短路电流。导通控制器可选用电力电子器件或可控放电间隙。可控串联电抗器按工作原理不同，分为串联谐振型和并联谐振型两类。

图 6–1 为串联电抗器的典型配置方式，其中：在超高压系统中，一般采用

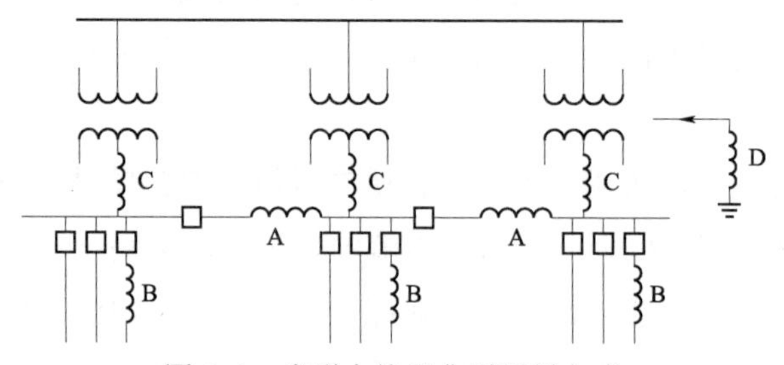

图 6–1　串联电抗器典型配置方式

A—母线联络方式；B—线路端串接方式；C—串接于变压器支路；D—加装在变压器中性点

母线联络方式或线路端串接方式；串接于变压器支路的电抗器主要为限制变压器提供的短路电流，其作用与高阻抗变压器相同，适用于改造工程；中性点电抗器主要为限制单相短路电流。

二、串联电抗器需考虑的技术因素

1. 电抗器类型的选择

电抗器主要分为油浸式电抗器和干式空心电抗器两类。

（1）油浸式电抗器具有独立的本体保护，可以及时发现运行中的隐患；无耐候性问题，可以适应不同的应用环境；绝缘耐压水平高，一般用于超高压并联补偿。

（2）干式空心电抗器具有较大的电感线性范围，此外，它还具有无环境影响及无火灾危险、绝缘简单、能量反向（逆转）时无严重的电（介质）应力、对瞬时过电压的反应较小、低噪声、质量轻，运输使用方便、投资和维护费用低等优点。用于限制短路电流的电抗器绝大多数均采用干式空心电抗器。

2. 电压跌落

电抗器串入系统后将会引起一定的电压跌落。如果电压跌落明显，则会影响用户端的供电质量。电压跌落数值与输电线路功率因数、电抗器阻抗、线路电流大小有关。一般而言，功率因数越大、电抗器阻抗值越大，电压跌落越大。

超高压输电系统的功率因数通常大于 0.9，而电压则要求不低于 0.95p.u.。因此，为抑制串入电抗器后产生的电压跌落影响供电质量，在满足限制短路电流要求时，电抗器阻抗百分比不宜取得过大。

3. 运行中的损耗

电抗器的功率损耗必须在设计中加以控制。通常，一台损耗留有裕度的电抗器将运行在比较低的温升下，因此该电抗器具有很强的过负荷能力和较长的运行寿命。

一般来说，干式电抗器按照 GB/T 1094.6—2011《电力变压器　第 6 部分：电抗器》的要求设计最为经济。

电抗器的损耗与品质系数 Q 成反比，而现代空心电抗器具有高 Q 值，因此损耗大大降低。Q 与电抗器容量有关，容量越大则 Q 越大，大于 10Mvar 的电抗器，Q 为 200～500，损耗为 0.2%～0.5%。

采用提高 Q 的设计方法，可使电抗器的系统损耗降至最低，有利于降低运行成本，但同时也增加了设备成本。用户需在投资成本和运行成本两者间寻求最合理、最经济的平衡。

4. 暂态恢复电压

应用电抗器时必须评估其对断路器暂态恢复电压上升率的影响。如果研究表明施加在断路器的暂态恢复电压超过断路器的实际能力，通过在每相中增加一个电容器可解决这一问题，从而保证设备运行在安全的水平上。电容器可以安装在：

（1）电抗器和断路器之间（线对地）；

（2）跨接于电抗器的端部（有时能安装在电抗器里面）；

（3）跨接于断路器的连接部位；

（4）以上选项的组合。

一般来说，用于暂态恢复电压问题的电容器的容量通常小于 200μF。

5. 电磁环境影响

干式空心电抗器周围空间的漏磁通很大，由于电抗器的磁通在空气中形成回路，如果安装地点的地面、墙壁、屋顶等周围建筑中有钢、铁等导磁材料存在，那么电抗器运行时，会使这些导磁材料发热，使钢、铁等构件的刚性遭受破坏。所以，在安装布置时必须保证电抗器绕组与周围金属部件间的最小间隙值，以减少金属中的涡流发热。这些最小间隙是安装时必须考虑的，特别是混凝土基础或者楼面内有钢筋或钢结构构件时，如有必要可利用非磁性托架避免金属部件形成闭环。

6. 保护配置

由于电流差动保护反应的是电流的差动量，因此安装串联电抗器不会引起保护特性的实质性变化。母差保护属于差动保护，所以也不受串联电抗器影响。

同样，由于加装的串联电抗器三相参数是对称的，因此对于反应非对称分量的零序、负序保护元件也没有本质性的影响。

安装限流电抗器后主要影响与阻抗值或距离有关的保护。含串联电抗器的线路保护配置需考虑以下问题：

（1）调整电压互感器的位置；

（2）调整耦合电容器的位置；

（3）高频距离启动元件的设置；

（4）串联电抗器退出运行时的整定值切换；

（5）线路重合闸逻辑。

三、串联电抗器的应用可靠性

由于并联电抗器的故障率较高，所以人们对串联电抗器的可靠性也有同样的担心。但实际情况是两者的运行条件存在较大差别，具体如下：

（1）正常运行时绕组承受的电压不同。并联电抗器的绕组要承受系统电压，串联电抗器的绕组仅承受系统电流在其上的电压降，通常只有系统电压的2%～5%，大部分系统电压由支撑绝缘子承受。

（2）绕组中允许流过的电流值裕度不同。串联电抗器能耐受的短时冲击电流是其额定电流的数十倍，而额定电流又是实际电流的数倍，因此纵向绝缘的耐热裕度相当大。并联电抗器流过的电流虽较小，但从设计角度考虑的绝缘和耐热裕度通常没有串联电抗器大。

因此从对绝缘老化的影响来看，串联电抗器的运行条件较好，所以其可靠性也相对较高。

实际运行的串联电抗器统计数据表明串联电抗器的故障率为0.01%～0.02%。

四、应用实例

2005年，华东电力试验研究院和华东电力设计院进行了500kV串联电抗器在华东电网应用的可行性研究，并结合各种分母方案、串联电抗器的应用，以及运行方式的调整等各种措施，对500kV入沪第三交流通道（徐行—太仓双线）投产后华东主网短路电流超标问题进行研究。上海500kV电网示意如图6–2所示。

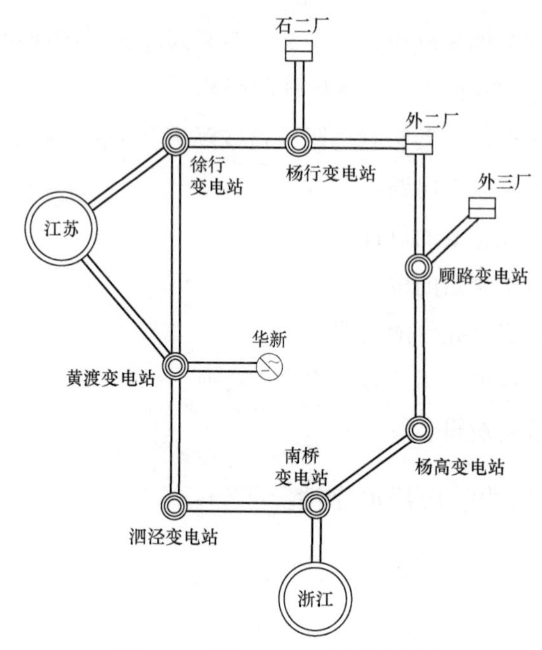

图 6–2　上海 500kV 电网示意图

1. 短路电流水平分析

2005～2007 年，华东电网的短路电流问题主要集中在上海电网的黄渡、南桥变电站和苏南的斗山变电站。

表 6–1 列出了加装串联电抗器后对上海 500kV 电网各枢纽变电站短路电流的影响。

表 6–1　　串联电抗器对上海 500kV 电网各枢纽变电站短路电流的影响　　kA

方案号	方案内容	黄渡变电站		徐行变电站		南桥变电站		石牌变电站		王店变电站	
		2006 年	2007 年	2006 年	2007 年	2006 年	2007 年	2006 年	2007 年	2006 年	2007 年
0	未加装串联电抗器	65.2	66.9	62.6	63.9	57.5	57.3	65.5	67	62.9	63.4
1	渡泗双线加装20Ω串联电抗器	59.3	60.4	60.7	61.5	51.1	49.9	64.5	64.8	62.3	62.4
2	渡泗双线加装28Ω串联电抗器	58.2	59.1	60.3	61	49.9	48.5	64.1	64.3	62.1	62.2

续表

方案号	方案内容	黄渡变电站		徐行变电站		南桥变电站		石牌变电站		王店变电站	
		2006年	2007年	2006年	2007年	2006年	2007年	2006年	2007年	2006年	2007年
3	渡泗加装 28Ω串联电抗器，牌渡5903 和渡泗 5101线出串运行	48.5	49	55.1	55.4	49.9	48.5	61.6	61.7	62.1	62.2
4	泗南双线加装28Ω串联电抗器，牌渡 5903 和渡泗5101线出串运行	53.5	54.2	57.9	58.4	48.6	46.7	63.5	63.5	61.9	61.9
5	牌渡双线加装28Ω串联电抗器	53.3	54.8	56	57.4	53.6	53.8	53.8	54.9	62.5	63.1

从表 6–1 可以看出，在渡泗双线上加装 28Ω 串联电抗器对限制短路电流的效果要优于在泗南双线、牌渡双线上加装 28Ω 串联电抗器。3 种方案中在牌渡双线上加装 28Ω 串联电抗器的效果最差，虽然可以较大幅度地降低 500kV 黄渡、南桥变电站的短路容量，但两站的短路容量仍然超过断路器遮断容量。在泗南双线或渡泗双线上加装 28Ω 串联电抗器均可将 500kV 南桥变电站的短路容量控制在断路器遮断容量内，但从降低 500kV 黄渡变电站的短路容量来看，串联电抗器加装在渡泗双线上效果要好一点。从串联电抗器电抗值的大小选择来看，在渡泗双线上加装 20Ω 串联电抗器无法将 500kV 南桥变电站的短路容量控制在断路器遮断容量内，而且即使在牌渡 5903 线、渡泗 5101 线站内出串运行后，500kV 黄渡变电站的短路容量也略高于 50kA 的断路器遮断容量。

通过对串联电抗器不同的安装地点和不同的电抗值的比较来看，方案 4 可以将 500kV 黄渡、徐行、南桥、石牌、王店变电站的短路电流控制在断路器遮断容量内，上海 500kV 电网可保持环网运行。但需要指出的是，500kV 南桥变电站的短路容量已经达到 49.9kA，接近断路器遮断容量，为保证电网的安全运行，可以考虑在适当时候拉停泗南一回线或拉开站内 1 个中断路器来降低短路容量。

潮流分析表明，加装串联电抗器后外顾双线的潮流明显增大，2006、2007 年夏季高峰期，即使在苏北送出电力较小（苏北送苏南 3500MW），上海北部电网重负荷的方式下，外顾双线的潮流依然超过 2300MW，远远高于 1900MW 的稳定限额。在苏北送出电力需求达 5500MW，上海北部电网重负荷方式下，外顾双线的潮流将达到 2700MW。另外，串联电抗器的投入将使浙江送入上海的潮流有所增大，使得 2007 年王店—嘉善双线潮流超过稳定限额的情况更加严重。

加装串抗后，苏南、黄渡、泗泾变电站的正常运行电压有所下降，其中黄渡、泗泾变电站下降幅度最大（约为 4kV）；王店、嘉善、南桥、杨高变电站的运行电压略微上升，但均在可接受的范围内。

不同的运行方式加装串联电抗器后，全系统损耗有所增加（＜3MW），上海电网的损耗有升有降（±1MW）。南桥—泗泾双线的潮流越大，其损耗增幅越大。

2. 电磁暂态分析

对黄渡—泗泾双线上加装串联电抗器后的电磁暂态过程进行分析，结果表明，安装串联电抗器后工频过电压、空载长线过电压和单相自动重合闸过电压都符合相关标准的要求，电气设备的正常绝缘是安全的。在发生区内、外接地故障时，断路器分闸所引起的本线路对地过电压符合相关标准要求；电抗器纵向绝缘在避雷器和电容器的保护下，其过电压也在绝缘的安全范围内。

分析表明，应在电抗器两端并联避雷器以满足避雷器通流容量的要求，其额定电压应不小于 162kV。

3. 最终方案

由于黄渡变电站更换 63kA 遮断容量设备的工作已经开展，因此，华东电网对加装串联电抗器后短路电流、潮流、暂态稳定、电磁暂态、场地等各种因素进行了综合技术经济比较，最后选择了在黄渡—泗泾双线泗泾出线侧加装 14Ω串联电抗器，并于 2008 年投入运行。2008 年，华东电网实施的 500kV 泗泾变电站加装高压限流串联电抗器成套装置示范工程为我国第 1 个 500kV 高压限流串联电抗器工程，该串联电抗器是目前世界上成功运行的第 1 套高压线路限流串联电抗器成套装置。

500kV 串联电抗器加装于 500kV 泗泾变电站渡泗 5101、5108 线的单相结构示意如图 6–3 所示，其中串联电抗器为限流设备，对地耦合电容器与跨接耦合电容器用于限制线路两侧断路器瞬态恢复过电压（TRV），旁路隔离开关与隔离开关 1、2 配合，可进行装置的投入与退出操作，设备主要性能参数见表 6–2。

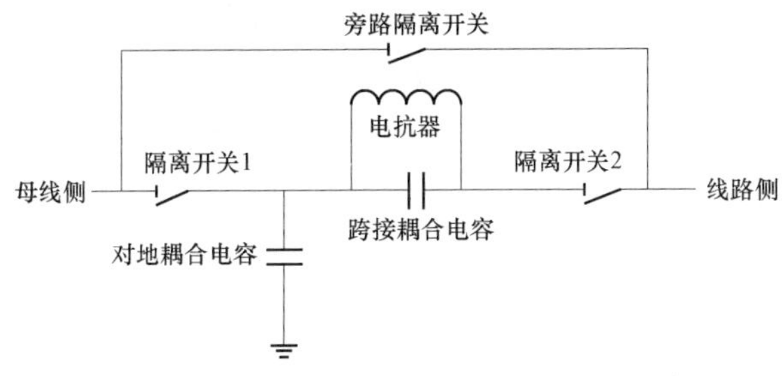

图 6–3　500kV 限流电抗器装置单相结构示意图

表 6–2　　设备主要性能参数

电抗器	
型式	户外、干式、空心
额定阻抗（Ω）	14
额定电压（kV）	500
额定电流（A）	2400
匝间振荡耐压（kV）	180
温升性能（K）	绕组平均温升≤70
	最热点温升≤85
过负荷能力（$h^\circ d^{-1}$）	120%额定电流，4
额定声级/声压级（dB/A）	≤62
电容器	
型式	户外，组合式，双柱并联
跨接电容	单元 32μF，2 串 2 并，共计 32μF
对地电容	单元 56μF，4 串 2 并，共计 28μF

第二节　采用高阻抗变压器

提高发电机及升压变压器的阻抗可以降低发电机在系统故障时产生的短路电流，所以通常把提高发电厂升压变压器的短路阻抗作为降低发电机支路短路电流的措施。采用高阻抗变压器后，变压器上的无功损耗将显著增加，电压降也明显增大。短路电流较大的区域电网结构都较为紧密，适当地进行无功补偿可使系统的无功电压水平基本不受影响，因此在暂态稳定允许的情况下，采用高阻抗变压器是控制短路电流的有效措施。

华东电网地处长江三角洲地区，地域狭小，500kV 变电站密集，限制短路电流成为电网规划、运行中关注的重要问题。表 6–3 列出了 2005 年部分直接接入 500kV 主环网的发电厂对 500kV 主环网枢纽变电站短路电流的影响，可以看出，大机组对接入点附近的 500kV 变电站短路电流水平影响很大，例如由于苏州地区大量机组（常熟二厂、浏河电厂、华能太仓）接入 500kV 电网，导致 500kV 石牌变电站短路电流水平上升近 10kA，500kV 黄渡变电站的短路电流水平上升近 5kA。

表 6–3　2005 年部分直接接入主环网的发电厂对 500kV 主环网枢纽变电站短路电流的影响　kA

电厂名称	台数	容量	南桥	黄渡	武南	斗山	石牌
常熟二厂	3	600	1.07	2.77	1.5	2.37	7.68
浏河电厂	2	600	0.71	1.5	0.13	0.18	0.61
华能太仓二期	1	600	0.24	0.61	0.62	0.7	1.77
镇江电厂三期	2	600	0.05	0.08	1.03	0.4	0.21

因此，适当提高电厂升压变压器的短路阻抗可以从源头上控制注入电网的短路电流。2003 年以后在长江三角洲地区新建电厂的接入系统审查中，都要求电厂升压变压器阻抗由常规的 13.5%左右升高至 18%～23%。随着长江三角洲地区新增电厂的陆续投运，500kV 系统短路电流较采用常规阻抗变压器降低了 2～3kA，相应 220kV 系统的短路电流降低更为明显。

自 2003 年起，浙江电网新投运的 500kV 变压器大多选择了较高的短路阻抗，典型设计为高—中压阻抗 17%，高—低压阻抗 47%～49%，中—低压阻抗 28%。计算表明，当升压变压器阻抗值选用 14%和 18%时，单机额定容量为 1000MW 的机组每台发电机所提供的短路电流分别约为 3.7kA 和 3.33kA，差值约为 0.37kA；单机额定容量为 600MW 的机组每台发电机所提供的短路电流分别约为 2.25kA 和 2kA，差值约为 0.25kA。对于负荷密度高、电网联系紧密的华东三角洲地区，短路电流问题远比系统稳定问题突出，适当提高大容量发电机升压变压器阻抗值对系统的稳定性不会有太大影响。

降压变压器采用高阻抗变压器可以减小不同电压等级之间的电气联系，也是控制短路电流的措施之一。2003 年后，华东电网要求 500kV 降压变压器阻抗由 13%左右提高到 16%～20%。上海电网综合考虑分区短路容量及无功电压、暂定稳定等因素，将 500kV 联络变压器的短路阻抗定为 16%～20%。500kV 顾路变电站 1000MVA 容量的联络变压器短路阻抗为 16%，以限制分区电网的短路容量。

变压器短路阻抗超过 20%时会产生较大的不良影响。首先是无功电压平衡和电压稳定问题，其次是暂态稳定问题。如果 1500MVA 变压器短路阻抗为 24%，按 75%额定容量的有功负荷送电，每台变压器的无功损耗就要达 270Mvar，这对于无电源分区的无功补偿是相当困难的。从暂态稳定的角度分析，按 75%额定容量的有功负荷送电，在变压器上有接近 10° 的角度差，比短路阻抗为 12%的同容量变压器增加了 5° 的角度差，从而会降低系统的稳定裕度。

第三节　加装故障电流限制器

一、FCL 基本原理

串联谐振限流器（Series Resonance FCL）又称基于晶闸管保护的串联补偿限流器（TPSC based FCL），是目前唯一可用于超高压电网的限流器。串联谐振限流器的方案最早由西门子公司提出，基于 TPSC 的故障电流限制器结构示意如图 6–4 所示，它的电路拓扑结构是可控串联补偿器（TCSC）的延伸。串联谐振限流器的工作原理是：将串联电容器组与限流电抗器调整到工频谐振状态，使正常运行时阻抗接近于 0；发生短路故障时，与电容器组并联的快速旁路保护装置（包括晶闸管阀、MOA、可控放电间隙等）迅速将电容器组旁路，使电抗器接入线路发挥限流作用。

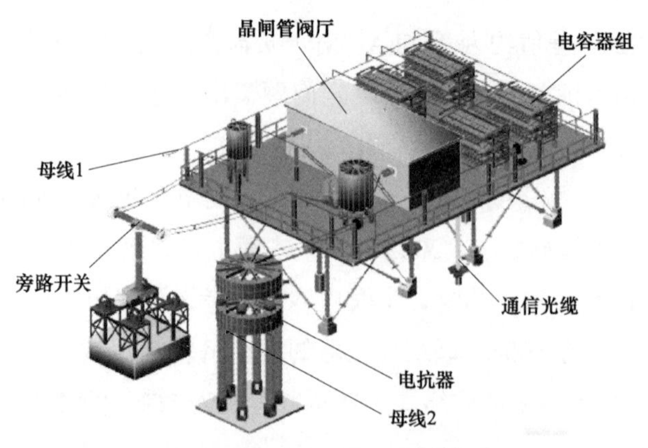

图 6–4　基于 TPSC 的故障电流限制器结构示意图

为丰富限制短路电流的手段，2007 年国家电网公司下达了超高压电网故障电流限制器关键技术与示范工程科技项目，由华东电网公司联合中国电力科学研究院经过 3 年研究，于 2009 年底在瓶窑 500kV 变电站安装投运了世界上首套超高压电网故障电流限制器，该装置采用了大功率晶闸管阀受控启动和无源自启动、可控放电间隙和金属氧化物限压器联合保护串联电容器等措施，提高了限流器的动作可靠性。经过系统的仿真研究，妥善解决了限流器与现有继电保护、断路器的兼容问题。现场短路试验证明，该限流器在故障发生后 1.0ms 即进入限流状态。

故障电流限制器 FCL 的结构简图如图 6–5 所示，L 为限流电抗器，MOVL 为氧化锌避雷器，用于防止电抗器过电压；C1 为吸收电容器；C 为串联电容器组；BCB 为旁路断路器；T 为晶闸管阀；MOV 为氧化锌避雷器，用于电容器 C 的过电压保护；GAP 为放电间隙；MBS 为旁路隔离开关，用于退出或投入 FCL。电容器组 C、晶闸管阀 T、MOV 和放电间隙 GAP 处于同一绝缘平台，如图 6–5 中虚线所示，L 和 C 的工频阻抗分别为 j8Ω 和–j8Ω。

FCL 本身具备完善的保护和控制策略，可通过晶闸管或可触发间隙将限流电抗快速投入，同时采用 MOV 保护、晶闸管旁路保护、间隙保护和旁路断路器四种方式的组合作为限流电抗快速投入的措施以及电容器组过电压保护控制的措施。

系统正常运行时，旁路断路器 BCB 断开，T、GAP 不导通，MOVL 和 MOV

均为高阻状态，此时电抗器 L 和电容器组 C 发生工频串联谐振，从外部看其等效阻抗为 0。

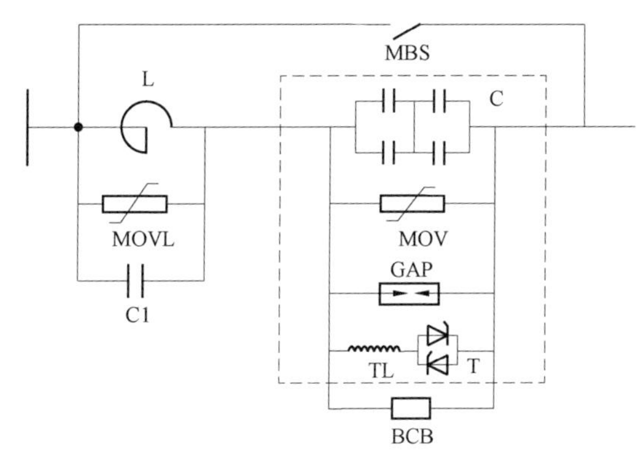

图 6–5　故障电流限制器 FCL 的结构简图

当系统发生故障时，FCL 本身的保护和控制设备如果检测到电容器组 C 内流过的电流超过设定范围，就会触发 T 的点火脉冲，同时向 BCB 发合闸命令。如果 T 无法迅速导通，则 MOV 作为后备保护限制流过电容器 C 的电流。此外，GAP 是 MOV 和 T 的后备保护，如果 T 和 MOV 中通过的电流过大，即导通 GAP 达到保护设备的目的。BCB 动作速度最慢，约为 20ms，其可将整个装置可靠旁路。

对于 BCB 失灵的情况，FCL 控制系统将通过通信通道，将两侧线路的断路器跳开。MOVL 用于防止电抗器 L 雷电过电压，其额定导通电压高于短路故障时 L 两侧的最高电压，故障时不会导通。

从 FCL 装置的构成来看，FCL 中电容器的过电压保护不仅采用 MOV 与之并联作为主保护，还增加了晶闸管旁路保护、间隙保护快速旁路电容器等后备措施。

FCL 实际上相当于 1 个可控串联保护装置（TCSC）与串联电抗器的组合，因此在继电保护配置时应分别考虑这两种设备的工作特性。

二、FCL 选点方案

在对华东电网 2010 年短路电流水平分析的基础上，结合电网结构及相关变电站的主接线图，提出了示范工程的 7 种初步安装方案：黄渡—泗泾双线、三林—杨高双线、徐行—黄渡双线、瓶窑—仁和单线、武南—斗山双线、平圩—洛河单线和电厂出口。在进行 FCL 选点研究时，优先考虑那些难以通过传统措施实现限流效果的变电站。基于这一考虑，最终选择瓶窑、杨高变电站为研究对象。瓶窑、杨高变电站均建于 20 世纪 80 年代，前者为浙北电网枢纽变电站，后者承担了上海电网重要的输变电任务，两站断路器遮断能力均为 50kA。2010 年瓶窑、杨高变电站必须分别通过 4 回线出串运行和拉停 2 回线路来限制其短路电流，即使在这样的情况下，瓶窑变电站短路电流在某些运行方式下仍然超标。而此时杨高变电站仅通过 2 回线路与主网联系，供电可靠性大为下降。由此可见，在瓶窑或杨高变电站安装 FCL，将有助于解决其短路电流超标问题。

FCL 可以选择在母线分段间或分支短路电流比较大的支路安装，前者通常能起到更好的限流效果，但由于其对限流器额定电流要求高，将大大增加设备造价。因此，在综合分析限流效果和经济成本的基础上，选择变电站中关键支路作为 FCL 的安装地点。瓶窑、杨高变电站 500kV 母线三相短路时各分支短路电流，分别见表 6–4、表 6–5。

表 6–4　　瓶窑变电站母线三相短路后各分支短路电流　　kA

支路名	短路电流	支路名	短路电流
天荒坪—瓶窑 1 号	3.1	敬亭—瓶窑	4.8
天荒坪—瓶窑 2 号	3.1	1 号主变压器	4.2
仁和—瓶窑	12.4	2 号主变压器	6.3
浙北—瓶窑 1 号	8.4	3 号主变压器	4.3
浙北—瓶窑 2 号	8.4		

表 6–5　　杨高变电站母线三相短路后各分支短路电流　　kA

支路名	短路电流	支路名	短路电流
顾路—杨高 1 号	13.4	1 号主变压器	0.03
顾路—杨高 2 号	13.2	2 号主变压器	0.04
三林—杨高 1 号	14.5	3 号主变压器	0.04
三林—杨高 2 号	14.3	4 号主变压器	0.04

由表 6–4 和表 6–5 可以看出，瓶窑—仁和单线和杨高—三林双线分支短路电流较大，可以作为 FCL 的布点选择。对这两种布点方案下的限流效果进行分析，结果分别如图 6–6、图 6–7 所示。从图 6–6 可以看出，为了将杨高变电站短路电流抑制在 49kA 以下，至少需要在三林—杨高双线上安装 6Ω的限制器；如果只在 1 回线上安装限制器，即使限制器阻抗达到 30Ω，杨高变电站短路电流也大于 50kA，除非将另 1 回线开断运行。从图 6–7 可以看出，如果要将瓶窑变电站短路电流降至 49kA 以下，需要在瓶窑—杭北线上安装 3Ω的限制器。对比图 6–6 和图 6–7，瓶窑—仁和线上安装限流器的效果更好，且只需要安装 1 台 FCL 即能达到满意的限流效果。

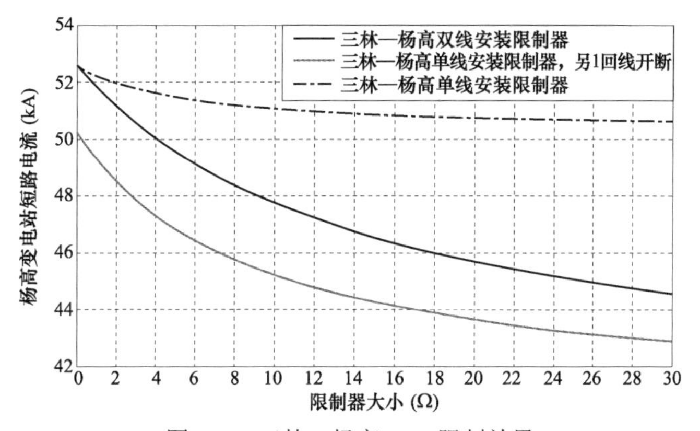

图 6–6　三林—杨高 FCL 限制效果

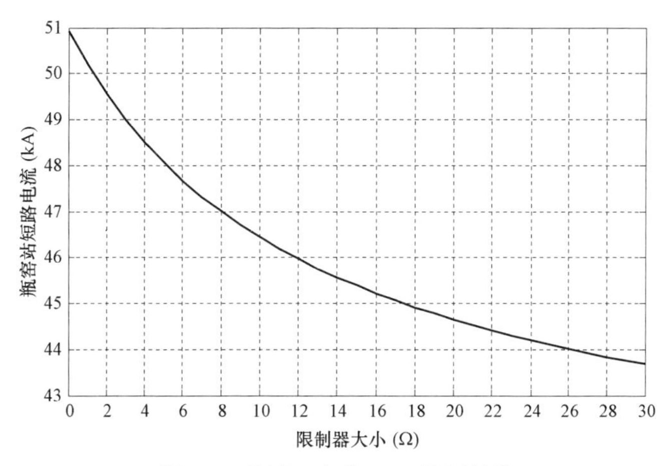

图 6–7　瓶窑—仁和 FCL 限制效果

三、FCL 动作特性对系统继电保护的影响

在介绍 FCL 结构时提到，FCL 实际上相当于 1 个可控串联补偿装置（TCSC）与串联电抗器的组合。因此，考虑 FCL 动作特性对继电保护的影响时应该分别考虑这两种装置的工作特性。

串联电抗器部分是由电抗器、MOVL 和 C1 组成的，MOVL 和 C1 在发生故障时，由于两端电压急剧上升，存在击穿的风险，此时，电抗器相当于被旁路。

可控串联补偿部分，FCL 的控制系统根据流过电容器 C 的电流决定是否将其旁路，当故障电流低于设定门槛或控制系统异常时，FCL 不会动作，此时故障回路中相当于串联了 1 台电容器。

（一）对距离保护的影响

FCL 内部串联电容器的存在，直接影响距离保护对故障距离和方向的判断。从前面对 FCL 的工作原理的描述可知，FCL 实际上是通过在故障暂态过程中增大线路有效阻抗来限制短路电流的。由于距离保护是依据保护安装处到故障点之间的阻抗来判断故障位置的，因此易受到 FCL 的影响。当电抗器 L 两端的 MOVL 被击穿，线路上就相当于直接串入了 1 个串补电容器，这对于距离保护来说是最严重的情况。

当图 6–8（a）所示的系统在 F1 点发生故障时，保护装置测量到的阻抗值如图 6–8（b）所示，其中圆 Z_M、Z_N、Z_O、Z_P 分别是保护 $Prot_M$、$Prot_N$、$Prot_O$、$Prot_P$ 的动作特性圆。当 F1 点故障时，M 点到故障点之间的阻抗为 Z_{F1}，但若考虑故障后电抗器 L 的接入，保护 $Prot_M$ 可能会拒动，而 $Prot_O$ 考虑到 MOVL 击穿后电容器的影响则可能会误动。此外，$Prot_N$ 的保护范围被缩小，而 $Prot_P$ 的保护范围可能会发生超越。

以上分析是基于单相系统的，对三相系统距离保护的分析同样适用，而对保护方向的分析则略有不同。目前，保护装置普遍采用零序方向元件判断不对称故障时的故障方向：对于接地故障，只要电容器的容抗小于背后系统的感抗，该元件就能够正确判断方向；对于相间故障，可以利用健全相电压来判断故障方向，同样也不受串联补偿电容器的影响；对于三相故障，则只能依靠记忆电

压来判断故障方向。为了解决带串联补偿电容器线路的保护问题，各厂家已开发出不同的算法和逻辑。

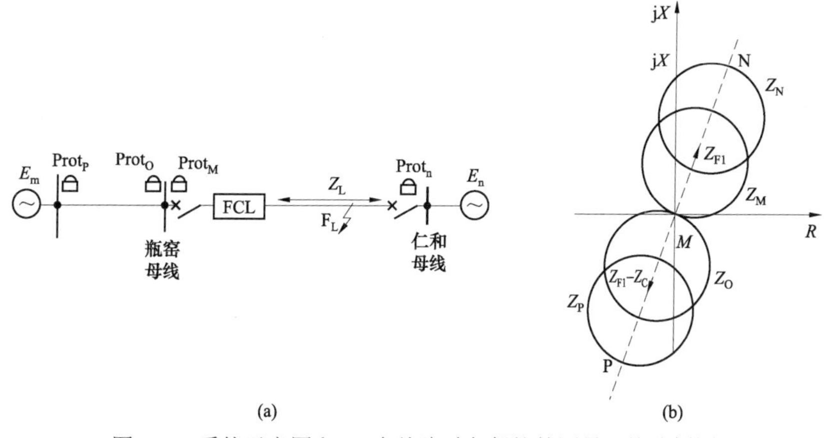

图 6–8　系统示意图和 F1 点故障时各保护的测量阻抗分析图

（a）系统示意图；（b）F1 点故障时各保护的测量阻抗分析

从保护受影响的严重程度来说，方向判断错误（如保护 $Prot_O$）对系统的影响要大于保护范围的变化（如 $Prot_N$、$Prot_P$）。对于 $Prot_N$、$Prot_P$ 来说，只要适当调整保护定值，在故障时就可以保证不发生超越。这样尽管会损失部分保护范围，但主保护和其他后备保护能够弥补这一问题。而若 F1 故障，所有连接在瓶窑母线上的线路与故障点反方向的保护都可能发生误动，一旦保护误动，就可能导致瓶窑变电站全站失电。对于方向元件的问题，无法简单采用调整定值的方法来解决，需要对保护的方向元件进行一定的调整。

对于安装了 FCL 的线路而言，如果 FCL 的容抗大于线路感抗，FCL 一旦发生异常将导致故障后距离保护发生严重的超越，因此，在加强线路主保护的基础上应退出距离保护 I 段。

（二）对差动保护的影响

通过前文对 FCL 原理的介绍可知，FCL 是串入线路中的，只要 FCL 内部不发生对地或相间短路故障，无论 FCL 是正常动作还是晶闸管、旁路开关或 MOV 异常动作，都不会在线路内部形成额外支路引起差流。因此 FCL 的动作行为不会给线路差动保护带来额外的影响，并且只要 FCL 安装在两侧电流互感器之间，差动保护就能够保护 FCL 内部的相间及接地短路故障。由此可知，作为线路保护的主保护，电流差动保护不会受到线路中安装 FCL 的影响。

（三）对方向零流保护的影响

通过前面的分析可知，FCL 不会影响零序方向元件对故障方向的判断。华东电网线路零序后备保护采用反时限的零序过电流特性，各级保护之间的动作时间是自然配合的。因此，方向零流保护不受 FCL 特性的影响。

四、FCL 短路试验

为考察华东首台 500kV 故障电流限制器的功能及其实际抑制短路电流的效果，决定在 500kV 电网上进行人工短路试验。根据现场勘查以及华东电网实际运行方式，为保证足够的 FCL 分支短路电流及运行电流要求，并对系统影响尽可能小，最终确定短路试验的系统运行方式如图 6–9 所示。

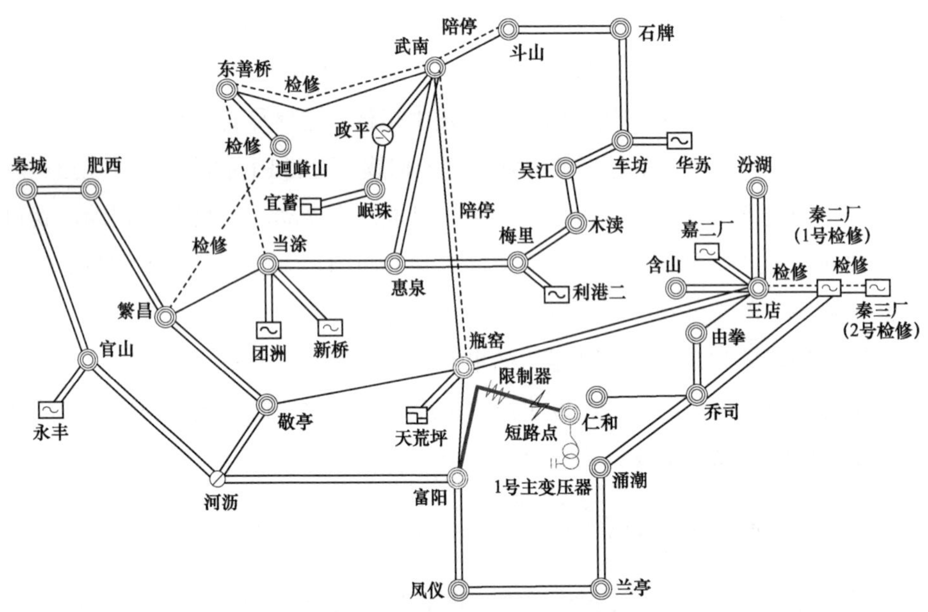

图 6–9 短路试验期间系统运行方式示意图

瓶窑变电站：瓶和 5411 线与瓶阳 5437 线在瓶窑变电站出串运行；窑王 5432 线和窑阳 5438 线在瓶窑变电站入串运行。

仁和变电站：瓶和 5411 线与仁和 1 号主变压器在仁和变电站出串运行；1 号主变压器 35kV 侧 2 组 60Mvar 低压电容器组运行；1 号主变压器 220kV 侧断路器拉开，1 号主变压器中性点直接接地；新投运 4 号主变压器供仁和分区负荷。

同时，为提高试验期间仁和分区的可靠供电，瓶窑分区与仁和分区保持 3 回 220kV 线联系，即仁窑 4Q50、瓶仁 4Q51 双线和仁天 4Q52 线合环运行；半山电厂 4、5 号机组，蓝天电厂 4 台机组满发。

短路试验时间为 2009 年 12 月 24 日 17 时 41 分，测录到瓶和 5411 线 A 相线路电流如图 6–10 所示。分析录波波形可以得出短路时瓶和 5411 线 A 相电流最大峰值为 13.39kA，基频交流分量初始有效值为 8.2kA，短路故障后 1ms 故障电流达到 FCL 动作值，2ms 后 A 相晶闸管触发导通，A 相电容通过阻尼回路向晶闸管放电，FCL 动作投入运行。

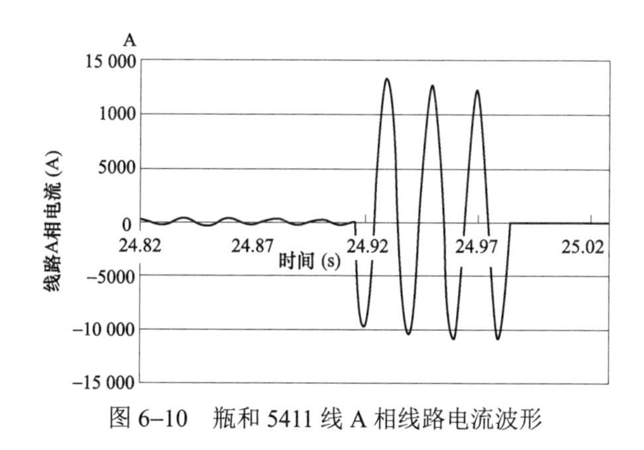

图 6–10　瓶和 5411 线 A 相线路电流波形

根据前期分析计算得出，未加装 FCL 时流过瓶和 5411 线 A 相的短路电流初始有效值为 10.1kA，装设 FCL 后可使瓶和 5411 线短路电流减小到 8.1kA，这与实测值仅有 0.1kA 的误差。

由短路试验实测数据与理论计算数据的对比可以发现，理论计算能够较精确地反映短路试验过程中各电气量的变化。

第四节　加装自耦变压器接地小电抗

目前电力系统中，500kV 变电站主变压器均为自耦变压器，其中性点均直接接地，往往造成变电站 220kV 母线的单相短路电流超过三相短路电流。在 500kV 主变压器中性点加装小电抗可以达到控制单相短路电流的目的，华东电网已经在多个 500/220kV 变压器中性点加装 5～15Ω小电抗，500kV 自耦变压器中性点经小电抗接地，这种措施可以明显降低 220kV 侧母线的单相短路电流，不受电网运行的限制，还可以降低变压器中性点绝缘水平要求，便于变压器制造，技术经济性能较好。

一、自耦变压器中性点接地小电抗参数的选取

为了有效抑制 220kV 母线的单相短路电流水平，将其限制在断路器遮断电流范围内，可在单相短路电流超标的变电站主变压器中性点加装小电抗。为了保证小电抗的参数适应性，利于设备采购及今后设备的通用，应设定合适的小电抗参数范围，即在一个地区内按照同一个标准来选择小电抗阻抗参数，使得所加装的小电抗不仅可以有效限制当前的单相短路电流，同时在电网不断发展短路电流持续增长后，仍具有一定的适应性，以保证单相短路电流不超标。

结合工程实际情况，小电抗的阻抗参数分别选取 5、8、10、12、15、18、20Ω等 7 个挡位，各挡位小电抗对单相短路电流的抑制效果见表 6–6，其中，灰色色块中的数字代表从小到大加装电抗后短路电流首次达标时的电流值，在如下的分析中均未列出各个变电站母线三相短路电流的变化。

表 6–6　　加装不同阻值小电抗抑制单相短路电流的效果　　kA

电网	厂站名		0	5	8	10	12	15	18	20
上海	黄渡	500kV 单相	49.1	49.0	48.9	48.9	48.9	48.9	48.9	48.9
		220kV 单相	50.5	47.3	46.2	45.7	45.2	44.7	44.3	44.0
	南桥	500kV 单相	44.5	44.3	44.2	44.1	44.1	44.1	44.1	43.9
		220kV 单相	53.7	51.2	50.5	50.2	49.9	49.6	49.3	49.2

续表

电网	厂站名		0	5	8	10	12	15	18	20
上海	杨高	500kV 单相	48.0	48.0	48.0	48.0	48.0	48.0	48.0	48.0
		220kV 单相	50.0	45.2	43.4	42.6	41.8	40.9	40.2	39.8
	泗泾	500kV 单相	46.0	46.0	46.0	46.0	46.0	45.9	45.9	45.7
		220kV 单相	52.1	49.1	47.6	46.8	46.2	45.5	44.9	44.6
	杨行	500kV 单相	55.8	55.5	55.4	55.2	55.2	55.2	55.2	55.2
		220kV 单相	56.1	51.8	50.6	50.1	49.7	49.2	48.8	48.6
	顾路	500kV 单相	62.5	62.4	62.3	62.3	62.3	62.2	62.2	62.2
		220kV 单相	57.5	53.3	52.0	51.5	51.0	50.5	50.0	49.8
	徐行	500kV 单相	56.8	56.6	56.5	56.4	56.4	56.4	56.3	56.3
		220kV 单相	53.9	49.1	47.7	47.1	46.6	46.1	45.6	45.4
苏南	木渎	500kV 单相	45.8	45.6	45.5	45.5	45.5	45.5	45.4	45.4
		220kV 单相	51.5	47.4	46.2	45.7	45.2	44.7	44.4	44.2
	陆桥	500kV 单相	40.6	40.5	40.5	40.5	40.5	40.5	40.5	40.4
		220kV 单相	52.7	47.9	46.5	45.8	45.3	44.6	44.2	43.9
	晋陵	500kV 单相	41.7	41.5	41.5	41.4	41.4	41.4	41.4	41.3
		220kV 单相	51.0	46.3	45.0	44.4	44.0	43.4	43.0	42.8
	东善	500kV 单相	41.8	41.7	41.6	41.6	41.6	41.5	41.5	41.5
		220kV 单相	50.9	47.0	45.6	44.9	44.3	43.6	43.1	42.8
	武南	500kV 单相	58.6	58.6	58.6	58.6	58.6	58.6	58.6	58.6
		220kV 单相	54.1	48.3	46.2	45.2	44.4	43.5	42.7	42.3
	车坊	500kV 单相	51.1	51.0	51.0	51.0	51.0	51.0	51.0	50.9
		220kV 单相	58.4	52.2	50.3	49.4	48.7	47.9	47.2	46.9
	梅里	500kV 单相	46.7	46.6	46.6	46.6	46.6	46.6	46.6	46.5
		220kV 单相	55.0	49.8	48.3	47.5	46.9	46.2	45.7	45.4
	张家	500kV 单相	33.2	33.0	33.0	33.0	32.9	33.1	32.9	32.9
		220kV 单相	53.5	49.1	47.9	47.3	46.9	46.4	46.0	45.8
	上党	500kV 单相	43.5	43.3	43.3	43.2	43.2	43.2	43.2	43.2
		220kV 单相	50.9	45.2	43.6	42.9	42.3	41.6	41.1	40.8
	龙王	500kV 单相	50.1	49.9	49.8	49.7	49.7	49.7	49.7	49.6
		220kV 单相	51.1	47.2	46.1	45.6	45.2	44.7	44.3	44.1

续表

电网	厂站名		0	5	8	10	12	15	18	20
苏北	上河	500kV 单相	37.9	37.7	37.6	37.6	37.6	37.5	37.4	37.4
		220kV 单相	51.5	47.2	45.9	45.2	44.7	44.1	43.6	43.4
	三汊	500kV 单相	38.3	37.9	37.8	37.7	37.7	37.6	37.6	37.6
		220kV 单相	54.1	50.9	50.0	49.6	49.3	48.9	48.6	48.4
	泰兴	500kV 单相	50.5	50.4	50.4	50.4	50.4	50.4	50.4	50.4
		220kV 单相	50.2	44.8	42.9	42.0	41.3	40.4	39.6	39.2
浙江	乔司	500kV 单相	50.6	50.6	50.5	50.4	50.4	50.4	50.4	50.4
		220kV 单相	54.4	48.6	46.9	46.1	45.4	44.7	44.0	43.8
	瓯海	500kV 单相	36.7	36.7	36.7	36.6	36.6	36.6	36.6	36.6
		220kV 单相	53.1	48.1	46.5	45.8	45.3	44.8	44.1	43.8
	凤仪	500kV 单相	52.1	52.1	52.1	52.1	52.1	52.1	52.1	52.1
		220kV 单相	52.8	46.3	44.3	43.3	42.5	41.5	40.7	40.3
	河姆	500kV 单相	43.7	43.6	43.6	43.6	43.6	43.6	43.6	43.6
		220kV 单相	55.8	50.2	48.6	47.9	47.1	46.4	45.8	45.5
	塘岭	500kV 单相	38.0	38.0	38.0	38.0	38.0	38.0	38.0	38.0
		220kV 单相	52.1	48.0	46.5	45.7	45.2	44.5	44.0	43.7
	丹溪	500kV 单相	46.3	46.3	46.3	46.3	46.3	46.3	46.3	46.3
		220kV 单相	52.0	46.0	44.1	43.1	42.4	41.5	40.8	40.5
	天柱	500kV 单相	29.9	29.9	29.8	29.8	29.8	29.8	29.8	29.8
		220kV 单相	51.2	46.3	45.1	44.5	44.0	43.5	43.0	42.8
安徽	肥西	500kV 单相	32.7	32.7	32.7	32.7	32.7	32.6	32.6	32.6
		220kV 单相	51.3	45.5	43.8	43.1	42.4	41.8	41.2	40.9

从表 6–6 可以看出：

（1）主变压器中性点加装小电抗后，单相短路电流均有不同程度的减少。由于目前华东电网 600MW 以上机组基本上接入 500kV 电网，使得 220kV 电网的电源较少，向 500kV 系统提供的短路容量有限，故加装小电抗这一措施对 500kV 母线的单相短路电流影响甚微。以上海 500kV 黄渡变电站为例，加装

5Ω 小电抗后 500kV 母线单相短路电流仅降低了 0.1kA，加装 20Ω 的小电抗后降低了 0.2kA，基本没有抑制效果。与此相比，220kV 母线的单相短路电流水平显著下降，加装 5Ω 小电抗可使华东电网大部分主变压器的 220kV 单相短路电流抑制在断路器遮断电流范围内。

（2）随着小电抗阻值的增大，单相短路电流水平不断降低，顾路变电站加装 10Ω 小电抗后使单相短路电流从 57.5kA 下降到 51.5kA，如果加装 20Ω 小电抗可进一步下降到 49.8kA，下降值达 7.7kA，并限制在其断路器遮断容量范围内。从仿真结果证明了 500kV 主变压器中性点加装小电抗可以有效抑制 220kV 母线的单相短路电流水平。

（3）由表 6–6 中数据可得到各变电站 220kV 母线单相短路电流随中性点小电抗阻值的变化曲线，如图 6–11～图 6–14 所示。当小电抗阻值从 0～5Ω 变化时，各变电站 220kV 母线单相短路电流下降明显，曲线斜率较大，表明每欧姆下降幅度较大，抑制效果较好，而小电抗阻值从 15～18～20Ω 变化时，短路电流下降幅度很小，曲线斜率较为平缓，抑制效果已不明显。比如凤仪变电站加装 5Ω 小电抗时，单相短路电流下降达 6.5kA，平均每欧姆下降 1.3kA，而 15～20Ω 之间单相短路电流只下降 1.2kA，平均每欧姆仅下降 0.24kA。

由此可知，当单相短路电流继续增长，如果加装 20Ω 的小电抗仍不能将单相短路电流抑制在断路器遮断电流范围内时，仅仅依靠加装更大阻抗值的小电抗来使单相短路电流不超标是不合理的。

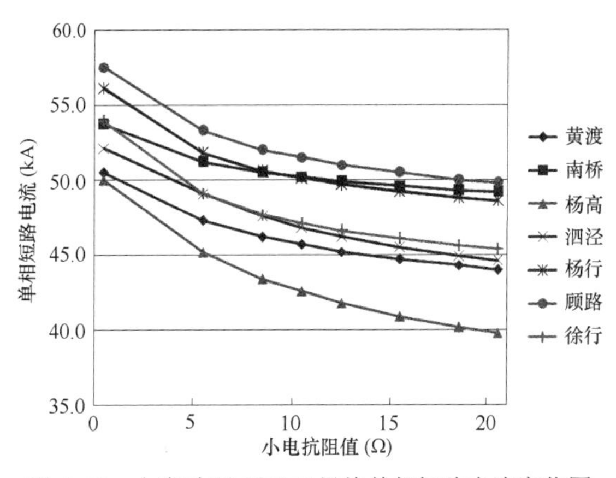

图 6–11　上海地区 220kV 母线单相短路电流变化图

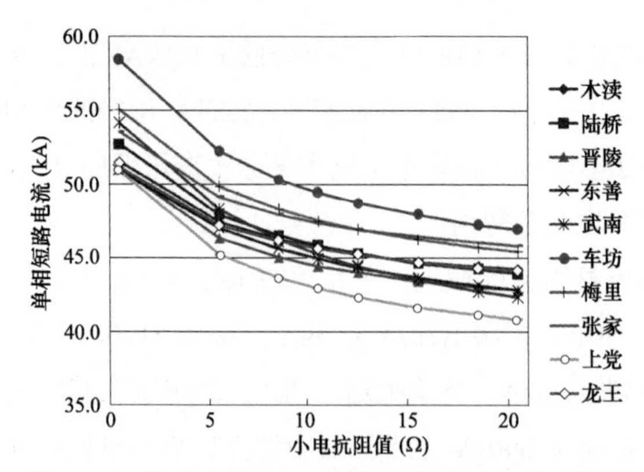

图 6–12　苏南地区 220kV 母线单相短路电流变化图

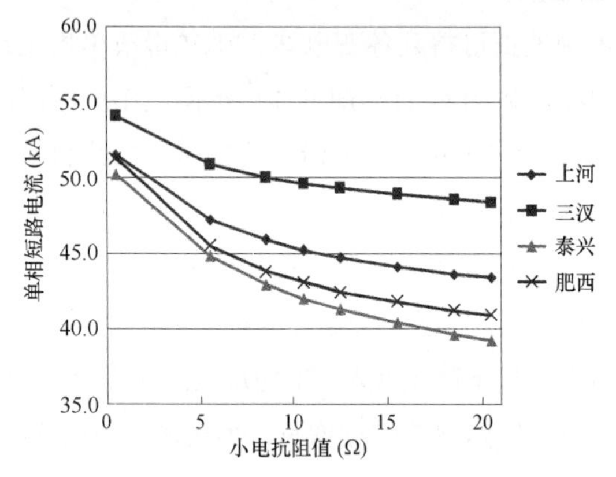

图 6–13　苏北和安徽地区 220kV 母线单相短路电流变化图

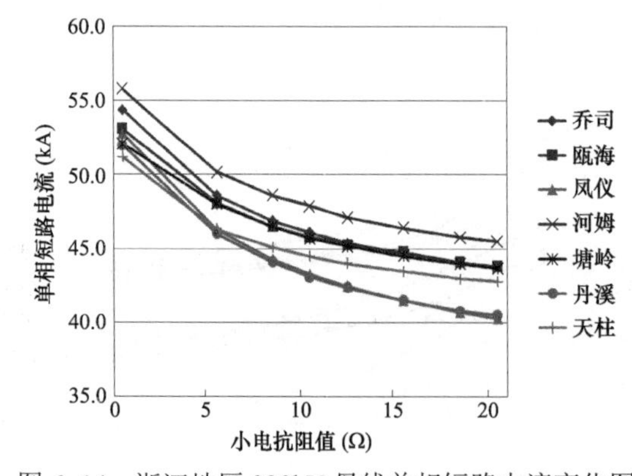

图 6–14　浙江地区 220kV 母线单相短路电流变化图

随着地区内新增电源、线路及主变压器的不断投运，母线短路电流水平也相应提高，应同时分析所加装的小电抗在新设备投运后的适应性。选取上海黄渡变电站为例，由于该站 220kV 三相短路电流相对较小，仍有较大增长空间，并不需要立即采取改变网架或者运行方式的措施，这样就可以研究小电抗在单相短路电流不断增长情况下的适应性。如果在短路电流不断攀升的情况下，加装的小电抗仍能保证单相短路电流不超标，就表明小电抗具有一定适应性，同时也说明了该地区其他主变压器加装的小电抗也具有适应性。由于新增 1 台 500kV 主变压器对 220kV 母线短路电流影响较大，因此在选择新主变压器容量时，要保证三相短路电流在其断路器遮断容量范围内。假设黄渡变电站内新增 1 台 750MVA 主变压器，其短路电流增长情况见表 6–7，由表可知，500kV 短路电流增长较小，220kV 短路电流显著增加，三相短路电流由 40.2kA 增长到 45.8kA，单相短路电流由 44.0kA 增长到 49.3kA。黄渡变电站主变压器中性点已安装了 20Ω 的小电抗，因此能将单相短路电流抑制在断路器额定遮断电流范围内，这说明黄渡变电站选取 20Ω 的小电抗在电网发展中具有一定的适应性，同时也说明上海地区选取 20Ω 小电抗具有一定的适应性。

表 6–7　　黄渡变电站短路电流变化情况　　kA

故障类型	500kV 侧			220kV 侧		
	三相短路电流	单相短路电流	额定遮断电流	三相短路电流	单相短路电流	额定遮断电流
加装小电抗	47.2	48.9	50	40.2	44.0	50
新增 1 台主变压器	47.2	49.6	50	45.8	49.3	50

通过计算表明，江苏泰兴变电站及浙江丹溪变电站各扩建 1 台主变压器后，单相短路电流仍在断路器遮断容量范围内。因此，上海地区选取 20Ω小电抗，其余地区选取 12Ω小电抗，不仅可以保证当前 220kV 母线单相短路电流不超标，并且具有一定的适应性，即使在新设备投运，短路电流增长后，仍能有效地抑制单相短路电流在断路器额定遮断电流范围内。

（4）加装 20Ω小电抗可使华东全部超标的变电站 220kV 单相短路电流抑制在 50kA 内。如果按照不同地区来选择统一参数的小电抗，上海电网所需加装的小电抗值最小为 20Ω，苏北、苏南和浙江电网的小电抗最小为 10Ω，安徽电网只需要加装 5Ω的小电抗。考虑到短路电流会随着电网发展而继续攀升，因此选择小电抗阻值时，应留有一定裕度，建议上海地区选择 20Ω，其余地区选择 12Ω。

二、中性点小电抗对继电保护的影响

（一）变压器和输电线路保护的典型配置

在我国电力系统中，要求 110kV 及以上电网的中性点均采用直接接地方式。在这种系统中，发生单相接地故障时接地短路电流很大，故称为大接地电流系统。在大接地电流系统中发生单相接地故障的概率较高，可占总短路故障的 70%左右，因此要求其接地保护能灵敏、可靠、快速地切除接地短路故障，以免危及电气设备安全。

典型的 500kV 主变压器主保护一般配置比率制动式差动保护、工频变化量比率差动保护、差动速断保护和对应于本体主保护的瓦斯保护、油温保护、压力释放保护等。高压侧后备保护一般配置有反映相间短路故障的相间阻抗保护、复合电压启动的过电流保护等；反映接地故障的变压器中性点直接接地时的零序电流保护和接地阻抗保护；反映容量在 0.4MVA 及以上变压器的对称过负荷保护。

500、220kV 线路保护装置的主保护一般以光纤差动保护、高频方向保护或高频距离保护为主保护，以阶段式距离保护、阶段式零序电流方向保护（或反时限零序电流保护）及单相重合闸作为后备保护。

变压器中性点接入小电抗后，增大了电网的零序参数，在出现不对称接地故障时故障电流会减小，即各主变压器中性点接入的小电抗只对反应接地故障的保护产生影响，对相间阻抗保护、负序电流保护和变压器本体的主保护无影响。

故在变压器中性点接入小电抗后受影响的保护为：变压器高压侧接地距离保护、中压侧接地距离保护、中性点零序过电流保护、线路零序电流方向保护和接地距离保护。

（二）变压器中性点接入小电抗的电网等效电路

单台主变压器中性点接入小电抗的电网简化等效电路如图 6–15 所示，用 M、N 两个电源等效线路 MN 以外的系统，以 M 侧变压器和线路 MN 为对象分析保护所受的影响。

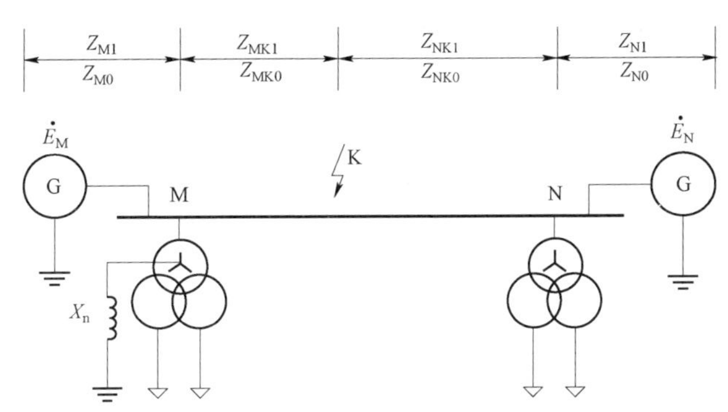

图 6–15　单台主变压器中性点接入小电抗的电网简化等效电路图

线路 MN 两端等效电源 $\bar{E}_M$ 和 $\bar{E}_N$ 的等值正序（负序）、零序阻抗分别为 Z_{M1}（Z_{M2}）和 Z_{N1}（Z_{N2}）、Z_{N0}。线路 MN 的序阻抗表示在图 6–15 中。M 母线变压器等值正序（负序）、零序阻抗分别为 Z_{TM1}（Z_{TM2}）、Z_{TM0}，其中性点接入阻抗为 $Z_{\varphi M0}$。变压器高压侧零序等值电抗为 $X_{I.0}$，中压侧零序电抗为 $X_{II.0}$，低压侧零序电抗为 $X_{III.0}$。若两个等值系统还有其他线路联系，可通过等值变换转化为此模型的形式，并不影响分析所得的结论。

当 MN 线路的 K 点发生接地故障时，故障点的正序等效电源和各序等值综合阻抗分别为：

$$\begin{cases} \dot{E}_{eq.U} = \dfrac{\dot{E}_{MU}(Z_{N1}+Z_{NK1})+\dot{E}_{NU}(Z_{M1}+Z_{MK1})}{Z_{M1}+Z_{MN1}+Z_{N1}} \\ Z_{\Sigma 1} = \dfrac{(Z_{N1}+Z_{NK1})(Z_{M1}+Z_{MK1})}{Z_{M1}+Z_{MN1}+Z_{N1}} \\ Z_{\Sigma 2} = \dfrac{(Z_{N2}+Z_{NK2})(Z_{M2}+Z_{MK2})}{Z_{M2}+Z_{MN2}+Z_{N2}} \end{cases} \tag{6-1}$$

若变压器不是自耦变压器，零序综合阻抗为：

$$Z_{\Sigma0}=\frac{Z_{M0}//(Z_{TM0}+3X_n)+Z_{MK0}}{Z_{M0}//(Z_{TM0}+3X_n)+Z_{MN0}+Z_{N0}//Z_{TN0}}\times(Z_{N0}//Z_{TN0}+Z_{NK0})$$

若变压器为自耦变压器，其中性点接小电抗的等值回路为三绕组变压器各绕组等值电抗的计算公式（6–2），折算的一次侧的各电抗为：

$$\begin{cases}X'_{I.0}=X_{I.0}+3X_n(1-k)\\X'_{II.0}=X_{II.0}+3X_n(k-1)k\\X'_{III.0}=X_{III.0}+3X_nk\\k=\dfrac{\dot{U}_{IN}}{\dot{U}_{IIN}}\end{cases}\tag{6–2}$$

假设 M 侧变压器 220kV 侧系统的零序等值阻抗为 $Z_{M.220kV.0}$，N 侧变压器 220kV 侧系统的零序等值阻抗为 $Z_{N.220kV.0}$，则 M 侧从母线看入的变压器零序阻抗为：

$$X'_{TM.0}=X'_{I.0}+X'_{III.0}//(X'_{II.0}+Z_{M.220kV.0})$$

从 N 侧母线看入的变压器的零序阻抗为：

$$X'_{TN.0}=X_{I.0}+X_{III.0}//(X_{II.0}+Z_{M.220kV.0})$$

在故障时的零序综合阻抗为：

$$Z_{\Sigma0}=\frac{Z_{M0}//X_{TM.0}+Z_{MK0}}{(Z_{M0}//X'_{TM.0}+Z_{MK0})+(Z_{N0}//X'_{TN.0}+Z_{NK0})}\times(Z_{N0}//X'_{TN.0}+Z_{NK0})$$

（三）变压器中性点接入小电抗后短路电流大小分析

（1）三相短路故障时的短路电流计算：

$$\dot{I}_k^{(3)}=\frac{\dot{E}_{eq.U}}{Z_{\Sigma1}}$$

（2）两相短路故障时的短路电流计算：

$$\dot{I}_k^{(2)}=\frac{\sqrt{3}}{2}\times\frac{\dot{E}_{eq.U}}{Z_{\Sigma1}}$$

（3）两相短路接地故障时的短路电流计算：

1）正序电流计算：$\dot{I}_{k.1}^{(1,1)}=\dfrac{\dot{E}_{eq.U}}{Z_{\Sigma1}+Z_{\Sigma1}//Z_{\Sigma0}}$

2）负序电流计算：$\dot{I}_{k.2}^{(1,1)}=-\dfrac{\dot{E}_{eq.U}}{Z_{\Sigma1}+Z_{\Sigma1}/\!/Z_{\Sigma0}}\times\dfrac{Z_{\Sigma0}}{Z_{\Sigma1}+Z_{\Sigma0}}$

3）零序电流计算：$\dot{I}_{k.0}^{(1,1)}=-\dfrac{\dot{E}_{eq.U}}{Z_{\Sigma1}+Z_{\Sigma1}/\!/Z_{\Sigma0}}\times\dfrac{Z_{\Sigma1}}{Z_{\Sigma1}+Z_{\Sigma0}}$

（4）单相接地故障时的短路电流计算：

$$\dot{I}_{k}^{(1)}=\frac{3\dot{E}_{eq.U}}{2Z_{\Sigma1}+Z_{\Sigma0}}$$

从（1）～（4）的公式可以看出，三相短路故障和两相短路故障不受中性点接入 X_n 的影响，X_n 并没有参与计算，只有发生接地故障时 X_n 才参与计算，所以变压器中性点接入小电抗仅对接地故障的保护功能产生影响。

以单相接地故障为例，分析华东地区大面积主变压器中性点接入小电抗 X_n 以后，会使华东地区的零序阻抗增大，使华东地区系统的零序电流下降。

以图 6–15 为例，故障点的接地电流为 $\dot{I}_{k}^{(1)}=\dfrac{3\dot{E}_{eq.U}}{2Z_{\Sigma1}+Z_{\Sigma0}}$，$Z_{\Sigma0}$ 是接地点的综合零序阻抗，$Z_{\Sigma0}$ 比主变压器中性点直接接地的综合零序阻抗大，所以接地点的正序、负序、零序电流都相应减小，即 K 点的故障电流。假设 M 侧和 N 侧的正序和负序分配系数是 C_{m1}、C_{n1}，C_{m1}、C_{n1} 在主变压器中性点直接接地时是相同的，所以 K 点故障时，M 侧和 N 侧的正序（负序电流与正序电流相等）电流分别为：

$$\dot{I}_{m1}=\frac{C_{m1}\times\dot{E}_{eq.U}}{2Z_{\Sigma1}+Z_{\Sigma0}},\quad \dot{I}_{n1}=\frac{C_{n1}\times\dot{E}_{eq.U}}{2Z_{\Sigma1}+Z_{\Sigma0}}$$

可以看出 M 侧和 N 侧的正序和负序电流 $\dot{I}_{m1}$、$\dot{I}_{n1}$ 也因为 $Z_{\Sigma0}$ 的增大而相应减小。

对于 M 侧和 N 侧的零序电流的改变则比较复杂，从上面的分析可得出故障点的综合零序阻抗为：

$$Z_{\Sigma0}=\frac{Z_{M0}/\!/X'_{TM.0}+Z_{MK0}}{(Z_{M0}/\!/X'_{TM.0}+Z_{MK0})+(Z_{N0}/\!/X'_{TN.0}+Z_{NK0})}\times(Z_{N0}/\!/X'_{TN.0}+Z_{NK0})$$

M 侧的零序阻抗为 $Z_{M0}/\!/X'_{TM.0}+Z_{MK0}$，N 侧的零序阻抗为 $Z_{N0}/\!/X'_{TN.0}+Z_{NK0}$，相应的 M 侧的零序分配系数为：

$$C_{m0}=\frac{Z_{N0}//X'_{TN.0}+Z_{NK0}}{(Z_{M0}//X'_{TM.0}+Z_{MK0})+(Z_{N0}//X'_{TN.0}+Z_{NK0})}$$

N 侧的零序分配系数为：

$$C_{n0}=\frac{Z_{M0}//X'_{TM.0}+Z_{MK0}}{(Z_{M0}//X'_{TM.0}+Z_{MK0})+(Z_{N0}//X_{TN.0}+Z_{NK0})}$$

M 侧的零序电流为：

$$\dot{I}_{m0}=\frac{C_{m0}\times\dot{E}_{eq.U}}{2Z_{\Sigma1}+Z_{\Sigma0}}$$

N 侧的零序电流为：

$$\dot{I}_{n0}=\frac{C_{n0}\times\dot{E}_{eq.U}}{2Z_{\Sigma1}+Z_{\Sigma0}}$$

从上面的公式可以看出，故障点 K 的总零序电流减小了，但是 M 侧和 N 侧的零序分配系数与 X_n 有关，与中性点直接接地时相比零序分配系数是不同的，而且零序分配系数的变化与 K 点在线路上的位置有关，总的趋势是零序电流减小，但是 M 侧和 N 侧减小的比例是不同的。

（四）接入小电抗对线路保护的影响的分析

下面以单相接地故障为例，说明主变压器中性点接入小电抗 X_n 对继电保护的影响：

（1）对零序过电流保护的影响分析。主变压器中性点小电抗 X_n 的接入使接地短路故障时故障电流减小，正序、负序、零序电流减小，零序过电流保护灵敏系数减小；M 侧和 N 侧线路保护接入的零序电流都减小，零序过电流保护灵敏度减小；M 侧和 N 侧主变压器中性点零序电流减小，中性点零序过电流保护灵敏系数减小。

（2）对零序方向保护、零序电压元件的影响分析。零序方向保护要求零序电压达到一定阈值（一般取一次侧 2～3V）时才开放。在长距离输电线的末端发生接地短路故障时，线路首端保护的零序功率方向元件可能会因灵敏度不足而不开放。在 M 侧主变压器中性点接入小电抗的情况下，在线路上发生单相接地故障时可能造成 M、N 侧零序方向过电流保护电压元件灵敏度不足而不开放。

（3）对零序方向元件判别的影响分析。保护方向上发生接地故障时，零序电压和零序电流的关系为：

$$3\dot{U}_0 = -3\dot{I}_0 Z_{\text{ED}}$$

$$\arg\frac{3\dot{U}_0}{3\dot{I}_0} = \arg(-Z_{\text{ED}}) = -(180^\circ - \varphi_{\text{ED}})$$

其中，φ_{ED} 为保护安装处保护反方向的等值零序阻抗 Z_{ED} 的阻抗角。线路MN上发生接地短路故障时，M侧变压器中性点接入电抗为 X_{n}，保护反方向的零序阻抗 $Z_{\text{ED}} = Z_{\text{M0}} // X'_{\text{TM.0}}$，500kV的架空线路或电缆线路的零序阻抗角一般在80°左右，所以对综合零序阻抗角影响不大，对零序方向元件没有影响。

（4）对接地距离保护的影响分析。线路接地距离保护的原理是，测量保护安装处的电压和电流来计算故障发生地距保护安装处的正序阻抗大小，根据该值确定故障发生地是否在本条线路上，是否属于本线路保护的保护范围。根据这个原理可以知道，距离保护测量的是正序阻抗，而 X_{n} 只是影响零序阻抗，所以主变压器中性点接入小电抗 X_{n} 是不会影响线路的距离保护的，而且线路的接地距离保护一般只是保护线路正前方的故障，距离Ⅰ段一般为本线路的75%～80%，所以对于距离Ⅰ段保护是没有影响的。

线路的距离Ⅱ段保护超出本线路，延伸到下一条线路的出口处，一般取120%，在线路保护的计算公式里，只按照本线路的正序阻抗和零序阻抗参数计算，当故障发生在下一条线路时，主变压器这条支路会有助增电流，影响本线路的阻抗计算。而主变压器中性点接入小电抗后，相应的助增电流也会发生一些变化，可能会对距离Ⅱ段保护产生一些影响，但距离Ⅱ段保护的定值设定已经考虑了部分助增或外汲电流影响，所以主变压器中性点接入小电抗对距离Ⅱ段的影响也比较小。

（五）接入小电抗对主变压器继电保护影响的分析

目前，华东地区500kV变压器针对接地故障一般设置中性点零序过电流保护和主变压器高压侧、中压侧接地阻抗保护。

（1）对中性点零序过电流保护的影响。目前，华东网调对华东地区500kV变压器中性点零序过电流保护的整定值统一为400A，动作时间为4.5s，各主变压器之间的Δt=0.5s，不带方向，主要作为系统的接地后备保护，400A 这个定值比较低，即便是华东地区大范围主变压器中性点接入小电抗后，零序电流减小，也不会造成中性点零序过电流保护的灵敏度不够。所以对中性点零序过电流保护影响不大。

（2）主变高压侧接地阻抗保护。华东网调目前对 500kV 变压器高压侧接地阻抗保护的整定原则为：正方向保护范围为高中压侧的 70%，不伸入到 220kV 母线，只保护到变压器内部的 70%，动作时间为 1s 或 2s。根据这个整定原则接地阻抗保护定值会稍有变化。

1）主变压器中性点直接接地时，零序补偿系数 k=0，则：

$$Z_{\text{set}} = 70\% \times X_{\text{I-II.1}}$$

2）主变压器中性点经 X_n 小电抗接地时，零序补偿系数为：

$$k = \frac{X_{\text{I-II.0}} - X_{\text{I-II.1}}}{3X_{\text{I-II.1}}} = \frac{(X'_{\text{I.0}} + X'_{\text{II.0}}) - (X_{\text{I.0}} + X_{\text{II.0}})}{3(X_{\text{I.0}} + X_{\text{II.0}})}, Z_{\text{set}} = 70\% \times X_{\text{I-II.1}}$$

可以看出定值 Z_{set} 不变，但零序补偿系数 k 发生了变化，主变压器的接地阻抗保护定值不变，零序补偿系数会随中性点接入的小电抗发生变化，需要重新计算。

第七章

运行中短路电流治理的速效措施

进入新千年，为解决华东地区缺电的局面，华东电网的装机容量和500kV 网架建设得到了高速发展。和“十五”期末相比，“十一五”期间华东电网的装机容量增加了近 1 倍，500kV 变电站数目增加了 2 倍以上，500kV 线路长度增加了将近 2 倍。到 2006 年，华东 500kV 主网架结构得到了很大的增强，初步建成了网格状的 500kV 核心主网架，上海 500kV 电网形成了双环网，苏北和阳城电厂的电力通过江苏 3 个 500kV 过江通道向负荷中心送电。同时，500kV 线路上的输送潮流较“十五”期间有很大程度的增长，接近或超过线路输送限额的情况时有发生，2004 年乔涌双线的最大潮流达到了 2840MW。

电网结构加强的同时带来了 500kV 电网短路容量的迅速增长。从 2003 年开始，500kV 瓶窑变电站短路容量最先超过 50kA 的断路器遮断容量，到 2007 年，有 8 个枢纽 500kV 变电站（黄渡、南桥、徐行、斗山、武南、晋陵、石牌、王店变电站）的短路容量超过断路器遮断容量，成为制约华东电网安全运行的主要因素。解决短路电流超标问题，可以通过合理的网架规划、更换更大遮断容量的断路器、采用高阻抗变压器，限制电源的接入和运行方式的调整等多种措施，除运行方式的调整外，其他方式受制于规划、基建、技改的周期，需要较长的实施周期，因此运行方式的调整常常成为短路电流超标问题治理的速效措施。运行方式的调整一般包括打开某个中断路器、拉停线路或主变压器、串内线路出串运行、临时开机方式的调整等措施，现分别叙述如下。

第一节　打开一个中断路器措施

2003年浙江500kV主网示意如图7–1所示。若变电站的主接线为一个半断路器结构，打开某一串的串中断路器可降低母线故障时断路器流过的短路电流。

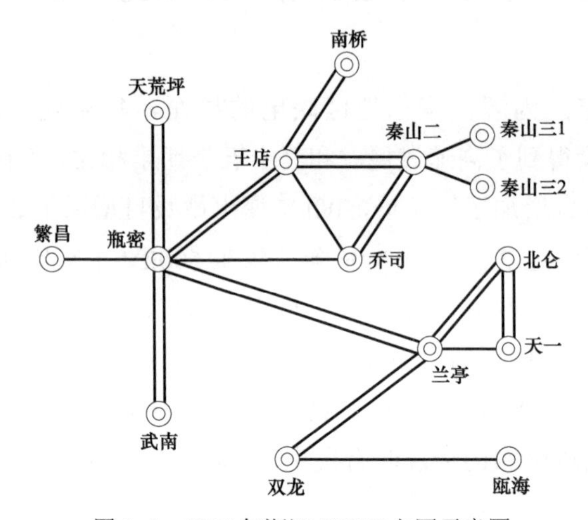

图7–1　2003年浙江500kV主网示意图

以图7–2为例，500kV瓶窑变电站一共6串断路器，当500kV Ⅰ母线三相短路时，系统通过5011～5061 6个断路器向短路点提供短路电流，母差保护动作切除6个断路器时，由于断路器动作必然存在快慢的不同，当5个断路器动作跳开时，剩下的一个断路器承受所有的短路电流（站内结构改变后，站内的阻抗对短路电流的影响可以忽略）。

当拉开一个中断路器后，比如拉开5012断路器，500kV Ⅰ母线三相短路时，在断路器跳开前，对母线上的短路点而言依然承受了所有的短路电流。但是，当母差保护动作切除6个断路器时，如果5011是最后一个跳开的断路器，由于其他边断路器已跳开，实际上只有兰窑5402线提供短路电流，远小于正常接线方式下母线故障时短路点的故障电流，如果最后跳开的是5021、5031、5041、5051、5061中的1个，由于5011已经跳开，兰窑5402线已经切除，母线故障

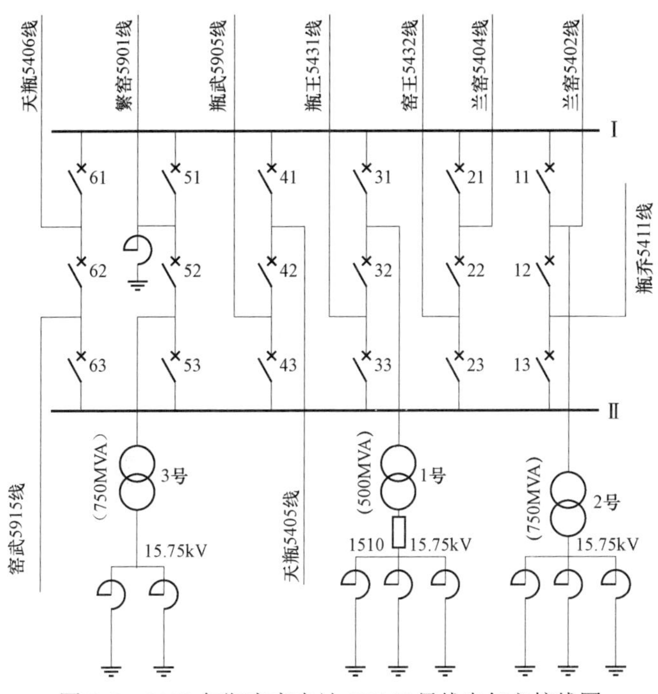

图 7–2　2003 年瓶窑变电站 500kV 母线电气主接线图

点的短路电流（即最后一个断路器承受的短路电流）应去掉 5402 分支提供的故障电流（实际由于网架发生变化，故障点的短路电流应略大于去掉 5402 分支提供的故障电流）。拉开一个中断路器后，站内断路器承受的最大短路电流情况是站内提供故障电流最小那个分支的出口三相故障，以瓶窑变电站为例，是 1 号主变压器（提供最小故障电流的分支）500kV 出口故障。

这样，打开串中断路器后，如果可以将变电站的最大短路容量降到断路器遮断容量以下，该厂站可以继续运行。这种方法一般适用于变电站最小分支短路电流较大的厂站，且一般只用作临时措施，为其他短路电流限制措施的实施提供必要的时间。但是，若变电站的接地网和设备构架能适应要求，可对变电站最小短路电流分支的断路器的所有一次回路进行先期改造，其他断路器流过的最大短路电流将是母线短路时余下分支中提供最小短路电流的分支出口故障时的短路电流。从而使打开中断路器的效果进一步增强，可为变电站的改造工程安排提供依据，也可仅对变电站的部分断路器进行改造。

2003 年，秦山二期、秦山三期、长兴二期各 1 台机组运行时，瓶窑 500kV

短路电流将达到 50.2kA，超过 50kA 的断路器遮断电流。短路电流计算表明，拉开瓶窑 500kV 5012 断路器，可以保证站内母线或任一支路出口三相故障情况下断路器所切最大短路电流不超过 49.5kA，保证了系统的安全运行。因此，在秦山二期、秦山三期、长兴二期均 1 台机组运行时，可以采用拉开瓶窑 5012 断路器的措施抑制短路电流。

此方法对系统正常运行方式基本没有影响，实施简单，但短路电流水平下降有限。随着秦山和长兴二期后续机组的投运，瓶窑 500kV 母线的短路电流在 2003 年底重新超过断路器遮断容量，需采用其他措施来降低短路电流水平。

第二节　拉停线路或主变压器

电网是按最高负荷、最大输送能力来设计的，而且总是冗余的，拉停部分线路或变压器时将不可避免地影响系统的可靠性。如果在某些运行方式下对系统的可靠性影响比较小，对限制电网的短路电流是非常有利的，则可以考虑拉停线路或变压器来临时解决短路电流超标问题。

对于某一分区而言，若分区电源较多，特别是多为调峰电源，且分区联络变压器能满足 *N*–2 要求，则拉停 1 台联络变压器，对分区的受电安全一般不会造成影响，而分区电网的短路电流下降则是非常明显的。

拉停线路可能对系统的潮流产生一定的影响。一般满足 *N*–2 要求的输电通道，拉停其中一回线，对系统的潮流不会有很大的影响，可靠性水平将有所下降（*N*–2 变为 *N*–1）。若拉停功率分点线路则对系统的运行影响可降至最低。也可考虑拉停功率分点输送通道上的多回线路，从而形成类似于分母运行的电网结构。

以 500kV 瓶窑变电站为例，采用拉开 5012 中断路器后，解决了 2003 年上半年的短路电流超标问题。2003 年迎峰度夏以后，随着新投厂站的接入，短路电流继续攀升。2003 年底，如果不采取措施，500kV 瓶窑变电站的最大短路电流将超过 51.1A，采用拉开中断路器的措施已无法满足要求。为此，通过分析计算，可以采用拉停 5411 线来解决瓶窑变电站短路电流超标问题。采用该方案后，2003 年底瓶窑变电站 500kV 母线短路电流为 48.2kA，能满足断路器遮断容量的要求。由于拉停线路通常对电网的稳定性、潮流分布，尤其是检修方式下电网的适应性产生较大影响，为此对本方案正常方式和 *N*–1 方式下进行潮流分析计算，结果表明拉停 5411 线后瓶窑—王店双回线潮流有所增大，但对潮流分布影响比较小，对系统影响较小。

同时，对正常方式下和 *N*–1 检修方式进行暂态稳定校核，在乔司变电站 2 台主变压器运行的情况下，浙北电网任 1 回 500kV 线路发生单相、三相或同杆异名相故障，保护 0.1s 切除故障，系统均能保持稳定。如果乔司变电站 1 台主变压器运行，浙北任 1 回 500kV 线路发生单相或三相故障，保护 0.1s 切除故障，系统也能保持稳定，但秦乔双线或秦王双线发生同杆异名相故障，秦山机组可能失稳。

总的来说，拉停 5411 线路来限制瓶窑 500kV 母线短路电流，实施比较简单，而且对系统潮流影响比较小，系统的暂态稳定水平也基本不受影响。

从上面的计算实例可以看出，拉停线路比拉停中断路器复杂很多，需要进行系统稳定性、正常方式和正常检修方式下的潮流分析，同时需要对多个方案进行比选，选择各种方式下相对较优的方案予以实施，以减轻对系统安全性和供电可靠性的影响。

第三节　串内线路出串运行

串内线路出串运行主要是针对 1 个半断路器主接线。当变电站的某串由 2 条线路组成时，打开该串的 2 个边断路器，其作用就相当于此 2 条线路在站外搭接，变电站少了 2 条出线，短路电流将大幅度下降。若将由线路和变压器组成的完整串出串运行，变电站的短路电流也将下降，但有可能造成多台变压器间的潮流不平衡现象。

串内线路出串运行对电网的影响在不同变电站、不同运行方式下是不同的。若影响较小，这不失为一种不需任何技术改造就可灵活实施短路电流限制措施，可作为电网过渡时期的短路电流限制方案。

2007 年，浙江电网 500kV 兰亭变电站主接线如图 7-3 所示。站内短路容量超过 50kA 断路器的遮断容量，对各种线路拉停方案和线路脱线方案进行研

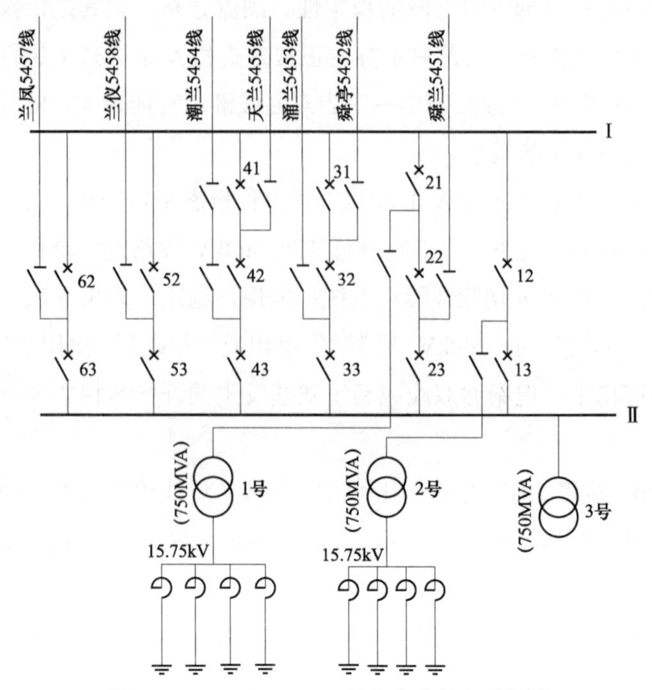

图 7–3　2007 年 500kV 兰亭变电站主接线图

究，推荐将涌兰 5453 线和姆亭 5452 线在兰亭变电站内出串（方案 1）作为解决 2006～2007 年 500kV 兰亭变电站短路电流问题的方案，将潮兰 5454 线和天兰 5455 线在兰亭变电站内出串（方案 2）作为备选方案。

对上述 2 个方案中 2007 年 500kV 兰亭变电站的短路电流水平进行校核，均可将短路容量控制在断路器遮断容量之内。潮流分析表明，方案 1 实施后，整个浙江电网的潮流与实施前变化不大，各 500kV 线路潮流均在稳定限额之内；方案 2 实施后，萧山—兰亭线路和萧山—天一线路潮流存在一定的迂回现象，但各 500kV 潮流依然在稳定限额之内。相比而言，方案 1 略优于方案 2，最终确定为实施方案。

第四节　母 线 分 段 运 行

母线分段运行（以下简称分母运行）主要应用在双母线接线方式中，其是世界各国电网普遍采用的短路电流限制措施。母线分段的初衷是为了减少母线故障时的影响范围，方便设备检修，从而提高系统的可靠性，所以一般母线分段间装设分段断路器（也称母联断路器）。正常运行时分段断路器投入，变电站合母运行。在方式需要时，分段断路器打开，变电站分母运行，短路电流将显著下降。若分母间未安装分段断路器，电网结构的改变将是永久性的，只是不具备运行的灵活性，但其作用与分母运行是一样的。

分母方式一般有单母线多分段、双母线、双母线单分段、双母线双分段等多种形式。1 个半断路器接线方式一般不设母线分段，若有特殊需要也可设置分段断路器或永久分母运行。

分母运行降低短路电流是通过改变电网结构实现的，分母后电网结构的改变一般有图 7–4 所示的 2 种，其中，A、B、C、D 代表相邻的变电站。

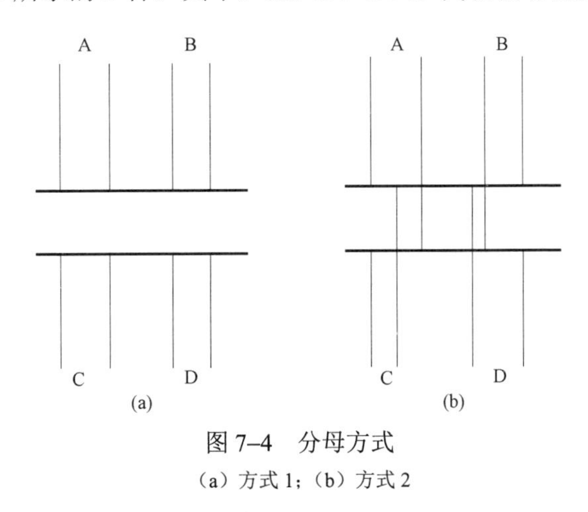

图 7–4　分母方式

（a）方式 1；（b）方式 2

图 7–4（a）所示的分母方式可使一定区域范围内的短路电流水平有明显下降；图 7–4（b）则只对本站具有明显的限流效果，对其他站影响甚微。对于出线较多的变电站，图 7–4 的 2 种方式均可保证系统可靠性。

短路电流超标的枢纽变电站一般是由于出线过多造成的。终端变电站分母的目的是为了避免构成环网结构，从而减小枢纽变电站的短路电流水平，缺点是其可靠性水平将下降，但可以采取低压侧自动切换装置来补救。

我国 220kV 电网大量采用了分母运行方式以限制短路电流水平。另外，华东电网在 500kV 双母线接线的厂站中也常常采用分母运行方式来限制短路电流，如 500kV 高港电厂采用拉开 2 个分段断路器实现分母运行，500kV 新海电厂采用打开分段断路器实现分母运行，均有效地降低了附近电网的短路电流水平。

第五节　实际案例分析

本章前四节介绍的 4 种通过运行方式调整解决短路电流超标问题的措施在实际电网运行中应灵活应用，并通过电网的仿真校核比对进行稳定性分析、潮流分析计算和可靠性分析，从中选出合适的方案加以实施。下面以 2006 年上海入沪第三通道投运前上海 500kV 电网短路电流超标问题为例进行分析，其主环网示意如图 7–5 所示。

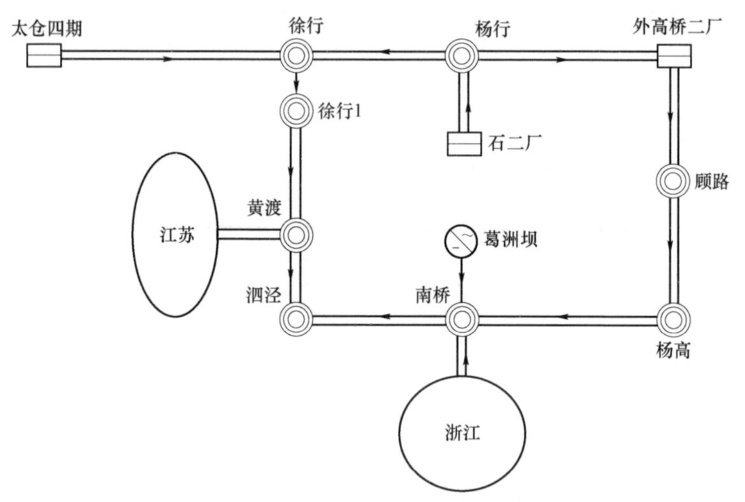

图 7–5　2006 年 500kV 太仓变电站投产前上海主环网示意图

500kV 昆太变电站投运前，从网架结构上来看，上海 500kV 网架与 2005 年底的网架相比基本没有变化，上海北网增加了闸北、高桥、石洞口燃机等将近 2000MW 的机组。潮流分析表明，上海从华东主网受电的两个通道（受入点是黄渡和南桥）的潮流受浙江和苏北电力送出水平的影响比较大。在浙江、安徽、苏北夏季腰荷，上海电网夏季高峰，天厂、桐柏停机，苏北电力大送的方式下，牌渡双线潮流达到 2500MW，与王店—南桥双线潮流比例接近 2.53:1，直接制约上海的总受电水平。

在入沪第三通道（即昆太变电站）投运前，为降低上海 500kV 电网短路电流水平，对各种运行方式调整方案进行分析比较，相对可行的方案有以下 6 种，相应的短路电流水平见表 7–1。

（1）方案 1：拉停黄渡—泗泾双线（以下简称渡泗双线）双线；

（2）方案 2：拉停泗泾—南桥双线（以下简称泗南双线）双线；

（3）方案 3：石牌—黄渡（以下简称牌渡）5903 线与黄渡—泗泾（以下简称渡泗）5101 线在黄渡站内出串运行，拉停泗南双线；

（4）方案 4：牌渡 5903 线与渡泗 5101 线在黄渡站内出串运行；

（5）方案 5：牌渡 5903 线与渡泗 5101 线在黄渡站内出串运行，拉停渡泗 5108 线；

（6）方案 6：拉停渡泗双线任一回线和泗南双线任一回线。

表 7–1　　　　2006 年昆太变电站投产前各解决方案中各枢纽变电站母线短路电流水平　　kA

变电站	无措施	方案 1	方案 2	方案 3	方案 4	方案 5	方案 6
黄渡	61.5	48.3	51	46.7	52.6	41.1	57.4
南桥	55. 9	42. 8	40.1	39.9	55.8	50.9	50.5
石牌	64.9	59.5	60.8	59.2	64	63.7	63.4
王店	62.7	60.7	60.1	60.1	62.7	62	62

从短路电流方面来看，方案 1 和方案 3 可以解决 500kV 黄渡、南桥、王店、石牌变电站短路电流超标问题，其中方案 3 是在方案 2 的基础上进一步采取措施降低黄渡变电站的短路电流。

从潮流分析来看，采取拉停渡泗双回线的方案 1 后，2006 年夏季高峰外高桥—顾路双线（以下简称外顾双线）的潮流将达到 2900MW，远远大于 1900MW 的稳定限额，在上海北网大发、上海电网负荷较轻时潮流还将增大。

采用牌渡 5903 线与渡泗 5101 线在黄渡站内出串、拉停泗南双线的方案 3 后，外顾双线的潮流有很大程度的下降，正常方式下为 1500MW，控制在稳定限额内。与采取措施前比较，牌渡双线的潮流较改接前有所增加。上海 500kV 电网的潮流均控制在稳定限额内。对方案 3 的各种检修方式进行分析：

（1）在牌渡 5903 线或牌渡 5913 线检修方式下恢复渡泗 5101 线，500kV 黄渡、南桥、石牌、王店变电站的短路容量仍然控制在断路器遮断容量内，上海 500kV 电网的潮流均控制在稳定限额内。

（2）在渡泗 5108 线检修方式下，需要合上泗南双线中任 1 回线，此时 500kV 南桥变电站的短路电流达到 49.3kA，500kV 石牌变电站的短路电流达到 62.5kA，已经接近断路器开断电流。

（3）在渡泗 5101 线检修方式下恢复牌渡 5903 线，500kV 黄渡变电站的短路电流达到 50.7kA，短路容量仍然超过断路器遮断容量。同时，泗泾分区 3 台主变压器仅由剩下的渡泗 5108 线供电，供电可靠性非常低。此时如果合上泗南双线并拉停渡泗 5101 线，外顾双线潮流将超过 2900MW，远大于 1900MW 的稳定限额。对该检修方式下各种可能方案研究表明，渡泗 5101 线检修方式应安排在上海北网出力较小时，将牌渡 5903 线和泗南双线恢复运行，开断渡泗 5111 线，或者陪停牌渡 5903 线，合上泗南双线中任 1 回线。

500kV 昆太变电站投运前的过渡方案为：先建设 500kV 张家港—徐行 1 回线，500kV 浏河电厂通过 1 回线接入 500kV 徐行变电站，方案 3 可以将 500kV 黄渡、南桥、石牌、王店变电站的母线短路容量控制在断路器遮断容量内，其中 500kV 黄渡变电站的母线短路电流为 49.1kA，在 50kA 开关遮断容量之内。

第八章

电网短路电流治理的长效方案

合理的电网和电源规划是解决短路电流超标问题的根本手段。华东电网在2003年500kV瓶窑变电站短路电流超标问题显现伊始，就定下了2～3年由运行方式调整来解决，3～5年由设备更换、串联限流器的装设、中性点接地小电抗的安装等技术手段来解决，5年以上由未来5年的电网规划统筹解决的整体战略，各部门按照这个战略分头行动、各司其职，通过“十五”“十一五”“十二五”3个5年规划最终形成合力，基本完成枢纽变电站短路电流的抑制工作。

第一节　分层分区运行

分层分区运行是次级输电网和配电网限制电网短路电流的主要手段。当高电压等级的电网具备一定的规模和强度时，次一级输电网可以从主网中获得可靠的电力供应，从而可以断开原来作为主要输电通道的相邻区域间密集互联的次一级输电线路，从而简化电网内部结构，降低次一级电网的短路电流水平，同时次一级输电网分层分区运行后，作为主网的高电压等级电网的短路电流水平也有一定的下降。

电网的分层分区研究应统一部署，需要从规划、调度入手，研究改善电网结构和分层分区的具体原则。华东电网从20世纪90年代开始，开展220kV电网分层分区实施方案的研究，经历了以下两个阶段。

一、开断华东电网220kV省际联络线

华东电网从20世纪80年代末期500kV电网出现后，即开展了关于220kV

省际联络线开断的研究。1993 年的华东电网总工程师会议提出了积极创造条件，分阶段、有步骤地实施此项工作。华东网调根据电网的实际情况，通过对电网各种运行方式下的潮流和稳定计算分析，制定了 220kV 省际联络线开断的实施细则和运行规定，对电网存在的薄弱环节提出了相应的措施。

当时的华东电网包括上海、江苏、浙江和安徽三省一市，至 1995 年底，全网统调装机容量已经达到 30 650MW，电网结构以 500/220kV 电磁环网为主网架，这种运行方式主要存在以下三个问题：

（1）500kV 线路故障跳闸，将引起主变压器及相关的 220kV 线路严重过负荷。如江苏斗山与上海黄渡（下称斗渡线）之间 500kV 线路故障跳闸，将引起江苏昆山至上海黄渡 220kV 线路严重过负荷，造成电网潮流“卡脖子现象”。

（2）220kV 系统短路容量骤增造成大批 220kV 断路器遮断容量不能满足运行要求。问题比较严重的地区是苏南电网，到“八五”末期，苏南电网有 61 台断路器短路容量超标。

（3）500/220kV 电磁环网使运行方式复杂化，给继电保护配合、调度管理、事故处理带来诸多困难，无法实施电网稳定破坏后的局部解列措施，难以建立电网安全稳定的第三道防线。

截至 1995 年底，华东电网有 20 条 500kV 线路，除北仑港和平圩电厂出口的 4 条 500kV 线路外，其余 16 条线路都和 220kV 形成电磁环网运行；江苏与安徽之间有 3 回 220kV 省际联络线，它们是赵纵线（赵山—纵楼）、龙采线（龙山—采石）和滁六线（滁县—六合）；江苏与上海 220kV 省际联络线有葑渡线（葑门—黄渡）、昆渡线（昆山—黄渡）；江苏与浙江 220kV 省际联络线有宜长线（宜兴—长兴）2 回；此外，浙江与上海之间有瓦石线（瓦山—石化）和青南线（青浦—南湖），如图 8–1 所示。

1996 年，500kV 瓶斗线的投运使苏南电网和浙江 500kV 电网直接相连，形成华东 500kV 核心主环网，使华东东部主要负荷中心紧密联系在一起，从而提高了全网的安全稳定性。但根据潮流和稳定计算可知，斗渡线与葑渡、昆渡线的电磁环网稳定输送功率（受事故后线路允许过负荷的限制）仍在 800MW 以下，且斗渡线事故后昆渡线过负荷潮流仍达 300MW 左右，大大超过其 200MW 的最大允许功率，这也影响了整个 500kV 环网线路输送潮流的提高，因而应当将 220kV 省际联络线开断，以充分发挥 500kV 线路的作用。

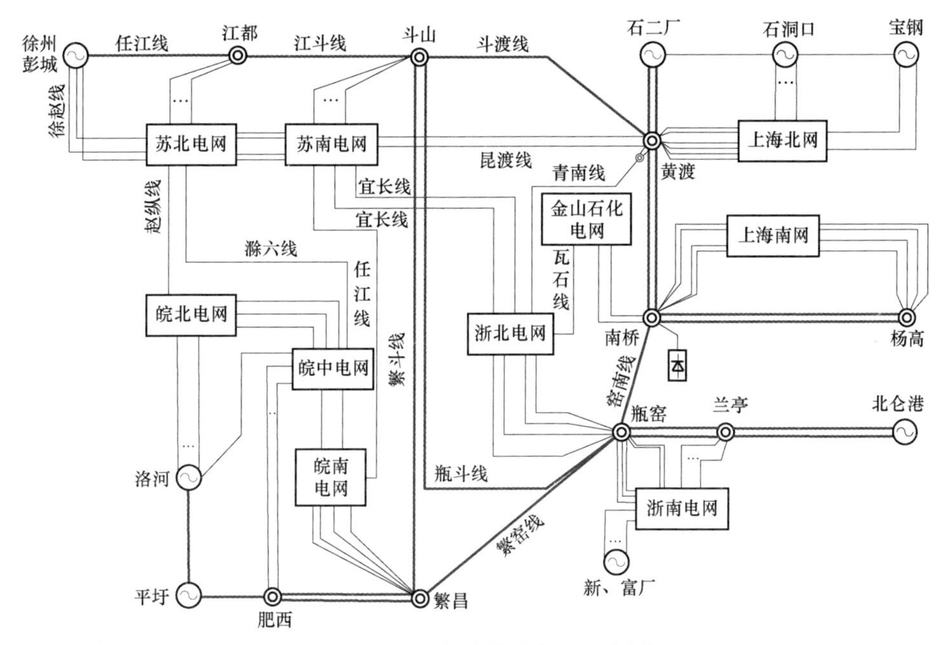

图 8–1　1995 年底华东电网示意图

徐州地区与淮北地区之间由赵纵线相连，一般情况下潮流方向为江苏送安徽，赵纵线潮流随着安徽 220kV 电网受电增加而逐年增加。一方面，当淮北电厂有 1 台 200MW 机组停机时，徐州外送线路徐赵线潮流将为 250MW 左右，如果在此基础上安徽北网有机组停役，势必造成安徽拉负荷或徐州电厂减出力；另一方面，由于 500kV 任江线潮流一般在 500MW 以上，一旦其故障跳闸，则徐赵线将严重过负荷，过负荷潮流在 400MW 以上，是电网运行的不安全因素。徐州与淮北单回 220kV 线路弱联系对电网运行构成了潜在的威胁，因此需要将该 220kV 线开断，使安徽 220kV 电网受电和徐州地区电厂送出互不影响。

华东电网 220kV 省际联络线开断以后，500kV 线路潮流均有不同程度的增大，220kV 线路基本无过负荷现象。

瓶斗线（瓶窑—斗山）投运、220kV 省际联络线开断后，繁窑（繁昌—南窑）线、窑南（瓶窑—南桥）线、斗渡（斗山—黄渡）线、繁斗（繁昌—斗山）线、瓶斗（瓶窑—斗山）线组成了华东 500kV 主网架，该网架的稳定输送能力直接影响三省一市电网送受电水平，对三省一市电网运行方式安排影响重大。根据稳定计算的结果，华东 500kV 大环网稳定水平有较大提高。正常方式下，除安徽外送口子繁窑线和繁斗线双线限额为 950MW 较小外，浙江、江苏、上海口子送受电水平均在 1700MW 左右，能满足省市间电力交换要求。当繁窑线、窑南线、斗渡线、繁斗线检修时，必须根据安徽或上海电网的频率特性以及大机组对电网频率的要求决定电网间单回联络线的潮流控制。当瓶斗线检修时，500kV 单环网稳定水平较低，存在电压稳定问题，因此需要严格控制 500kV 单环网潮流。

上海北网 2 台 500kV 联络变压器容量均为 750MVA，葑渡线和昆渡线解开后，其稳定输送限额约为 900MW。在黄渡 4 号主变压器投运前，苏—沪省际联络线开断后，上海 220kV 北网受电能力比开断前约小 200MW，所以夏季高峰时，如果上海 220kV 北部电网发生大机组停机，则 2 台 500kV 联络变压器有可能过负荷和超过稳定限额，因此建议短期内应将上海 220kV 南北网合环运行。

经过计算分析，制定了 220kV 省际联络线开断的实施细则：

（1）苏—皖间：较简单清晰，其开断条件为平圩—洛河—繁昌形成三角环网，繁昌与系统间需有 2 回 500kV 联络线，淮北电厂与徐州地区机组送出无要求，此时 3 回 220kV 联络线都可开断。至于龙山—采石、滁县—六合线能否先断开，关键要有确保徐赵线事故后大功率转移的安全稳定措施。

（2）苏—浙间：繁昌—斗山线投运后已初步具备条件，瓶窑—斗山线建成后实施更为稳妥。

（3）苏—沪间：有 2 回 220kV 联络线，比较复杂且与苏南电网内部开断有联系，基本条件是瓶窑—斗山线建成，研究表明，考虑 2 回线同时开断更为合理。

（4）浙—沪间：原则上在瓶窑—斗山线建成时进行。为保证嘉兴地区供电安全及电压质量，宜在嘉兴电厂一期工程至少有 1 台 300MW 机稳定运行后开断。

根据上述原则，在黄渡 4 号主变压器投运后于 1997 年 7 月 20 日开断了苏—沪和苏—浙 220kV 省际联络线，于 1997 年 9 月 1 日开断了沪—浙 220kV 省际联络线，实现了沪、苏、浙之间 220kV 省际联络线的开断，于 1998 年 12 月 31 日实施了苏—皖 220kV 省际联络线的开断，至此，华东电网 220kV 省际联络线全部开断，各省市 220kV 电网短路电流水平大幅下降。

二、省市内部电磁环网的解开

220kV 省际联络线开断后，华东电网和各省市之间开始研究省市内部 500/220kV 电磁环网解开的问题并于 2001 年开始实施。2001 年，上海电网在 500kV 泗泾 1 号、2 号主变压器和黄渡 5 号主变压器，以及吴泾二厂 2 台 600MW 机组投运后，形成了北部杨行—黄渡分区，中部泗泾分区、南部南桥—杨高分区 3 片运行。江苏 500kV 石牌、车坊变电站投运后，实现了 220kV 常锡间联络线（石芳 2596、戚张 2594、石魏 2541、利三 4516）开断运行。从此，220kV 电网分层分区运行成为改善电网结构、提高 500kV 电网潮流输送水平、降低 220kV 电网短路电流水平的常规措施。四省一市 220kV 电网一旦符合条件即付诸实施。截至 2017 年中，华东 220kV 电网共分 80 个分区独立成片运行。

第二节　母线分列运行改造

500kV 厂站一般采用 1 个半断路器接线，设计时除非规划明确，一般不装设分段断路器。因此采用母线分列方式解决短路电流问题比 220kV 双母线方式困难得多，华东电网公司对此措施做了积极尝试。2004 年，华东电网公司在 500kV 瓶窑变电站实施了永久性母线分列改造，使变电站短路电流下降至 40kA 左右；在一些新建的变电站，安装了分母断路器，如在 500kV 徐行站预留了分母断路器位置。

日本、美国、英国等电网在不同层次的电网中广泛应用了分母运行，以限制电网的短路电流。另外，他们还根据其负荷中心电网内调峰机组较多的特点，在短路电流较大的高峰时段分母运行，在低谷时段合母运行，既解决了高峰时段的短路电流问题，也解决了低谷时段的动态无功支撑问题。

一、瓶窑变电站 500kV 母线采用分列运行方式

2003 年随着秦山二期、秦山三期和长兴二厂机组陆续投运，瓶窑 500kV 变

电站的短路容量超过 50kA 的断路器遮断容量。当瓶乔 5411 线开断运行时，瓶窑 500kV 母线的短路电流将下降到 48.22kA，可以满足断路器遮断容量的要求。但随着 2004 年基建项目的投产，2004 年瓶窑 500kV 变电站的短路电流将达到 53.9kA，即使拉停瓶乔 5411 线，瓶窑 500kV 的短路电流也达到 50.6kA，超过 50kA 的断路器开断电流。为解决瓶窑 500kV 母线短路电流超标问题，必须通过更换断路器或改变系统运行方式。

由于通过整站改造提高 500kV 断路器的遮断容量耗时长、工作量巨大，2003 年前华东电网解决全网性短路电流超标问题还处于整体研究论证阶段，因此暂时采用改变系统运行方式解决瓶窑变电站短路容量超标问题。瓶窑变电站在 2005 年底短路电流达到 56.5kA，远超断路器 50kA 开断电流，采用常规的拉停断路器、拉停线路、线路站内出串运行已无法解决问题，因此考虑运用母线分列运行方式加以解决。2005 年底浙江 500kV 主网示意如图 8–2 所示。

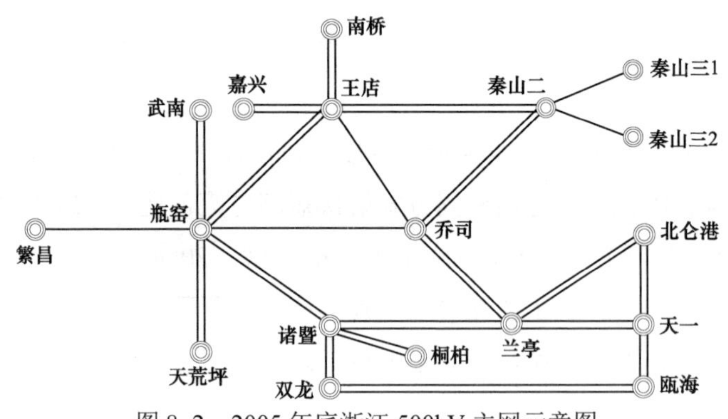

图 8–2　2005 年底浙江 500kV 主网示意图

截至 2005 年底，瓶窑变电站 500kV 母线和 220kV 母线电气主接线如图 8–3 所示，该站为 1 个半断路器接线方式，共 6 串，10 回进出线，3 台 500kV 主变压器，瓶窑变电站 220kV 母线分列运行。

基于不同的母线分列方式，去除明显不合理的组合，针对其中 6 种方案从限流效果、对系统潮流的影响、对系统稳定的影响、对系统投运新设备的要求、变电站改造施工工作量、变电站 500kV 与 220kV 母线连接方式等方面进行了详细的分析和研究，这 6 种方案如下：

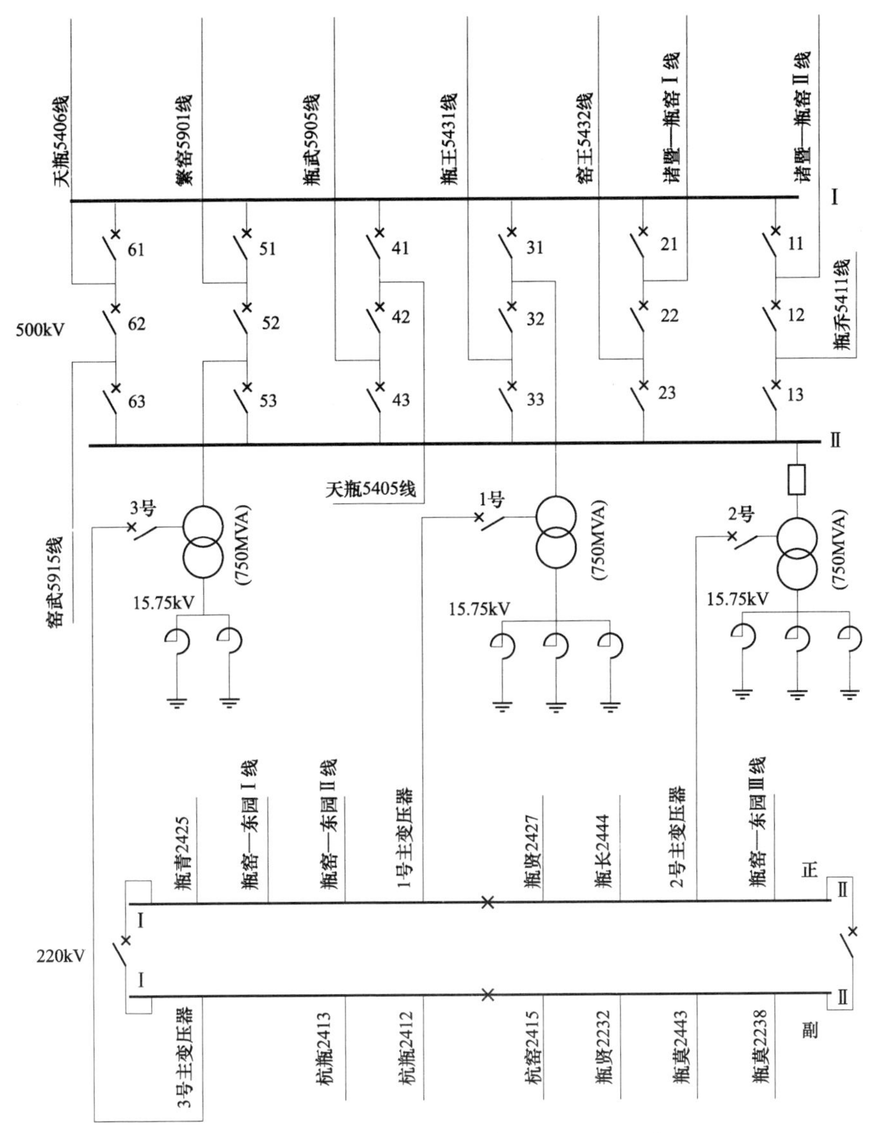

图 8–3　2005 年底瓶窑变电站 500kV 母线和 220kV 母线电气接线图

（1）方案 1。瓶窑 500kV 母线 4—2 分段运行，窑武 5915 线和瓶乔 5411 线互换，如图 8–4 所示。

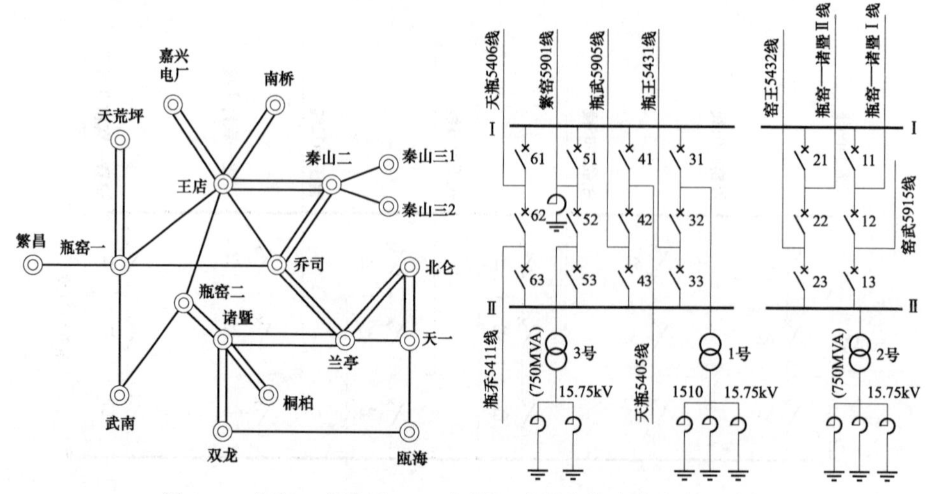

图 8–4　方案 1 实施后 2005 年浙江电网和瓶窑变电站示意图

（2）方案 2。瓶窑 500kV 母线 2–4 分段运行，天瓶 5406 线和窑王 5432 线互换，如图 8–5 所示。

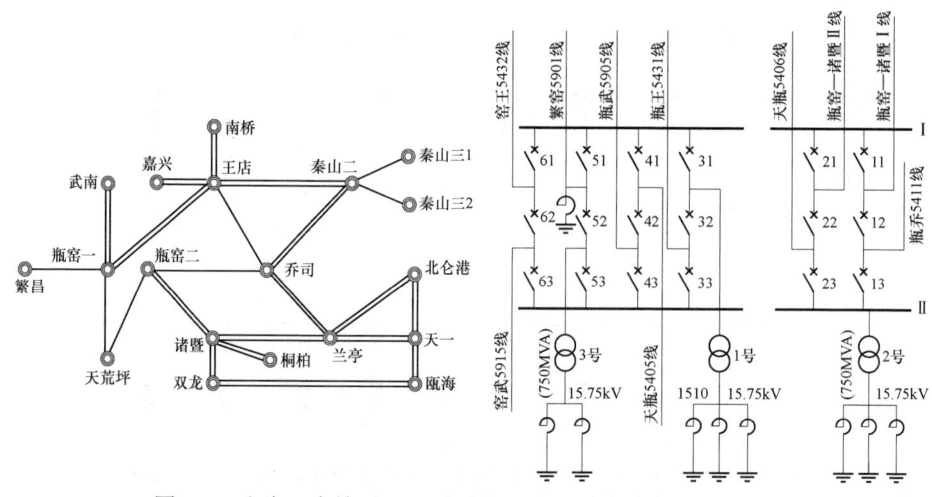

图 8–5　方案 2 实施后 2005 年底浙江电网和瓶窑变电站示意图

（3）方案 3。瓶窑 500kV 母线 2–4 分段运行，窑武 5915 线和窑王 5432 线互换，如图 8–6 所示。

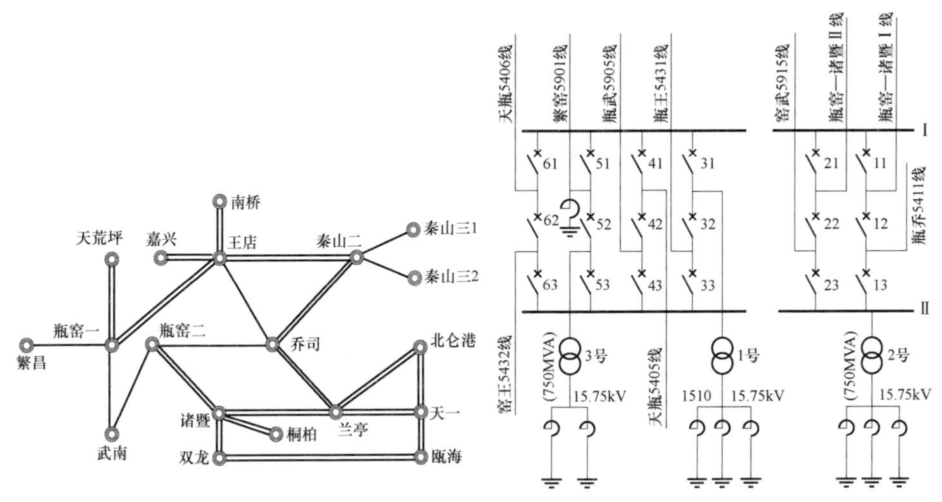

图 8–6　方案 3 实施后 2005 年底浙江电网和瓶窑变电站示意图

（4）方案 4。瓶窑 500kV 母线 2–4 分段运行，繁窑 5901 线和窑王 5432 线互换，如图 8–7 所示。

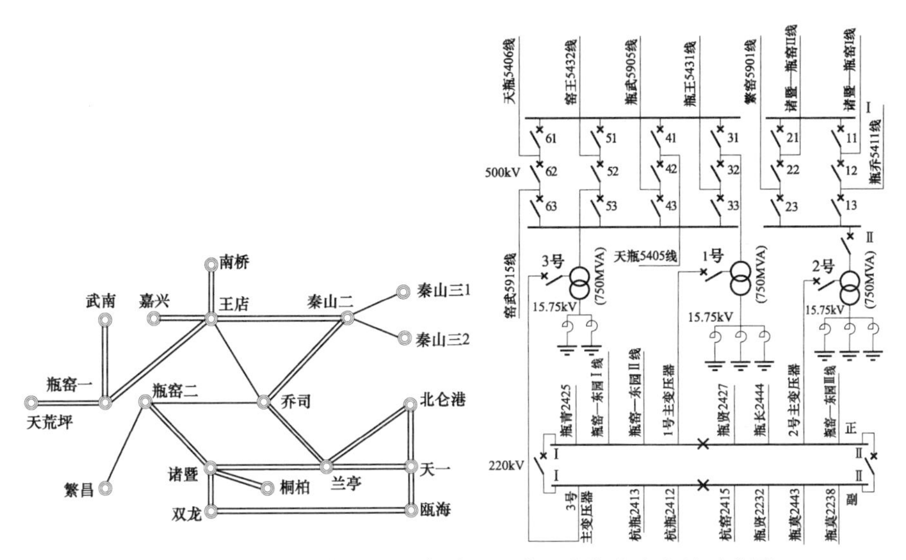

图 8–7　方案 4 实施后 2005 年底浙江电网和瓶窑变电站示意图

（5）方案 5。瓶窑 500kV 母线 3–3 方式分段运行，如图 8–8 所示。

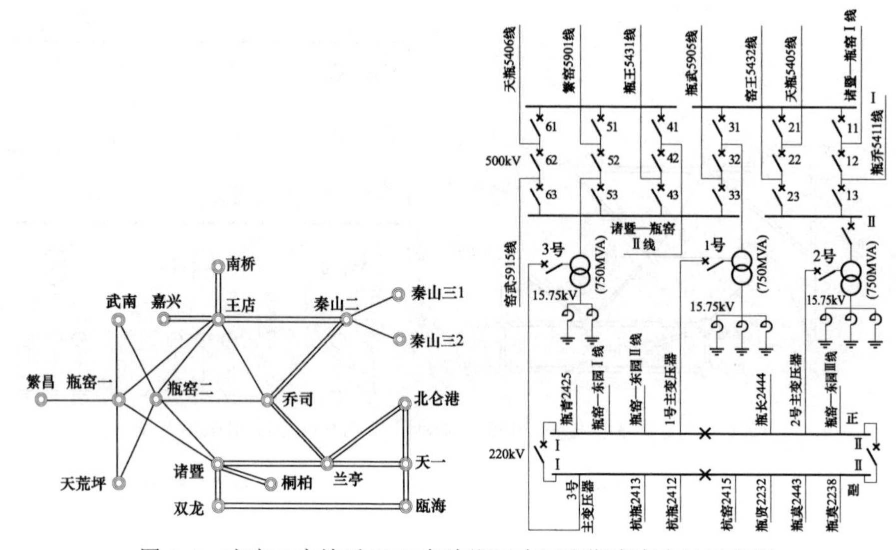

图 8–8 方案 5 实施后 2005 年底浙江电网和瓶窑变电站示意图

（6）方案 6。瓶窑 500kV 母线 1–5 方式分段运行。本方案将瓶窑 500kV 变电站的第 1 串或第 6 串从瓶窑变电站中脱环出来，同时进行仓位的调整。很明显，此方案对短路电流的降低不明显，仅降到 47.22kA。同时，由于脱环出来的新站只有两三个元件，供电可靠性比较差，不建议采用此方案。

方案 1～方案 5 的系统分析比较见表 8–1。

表 8–1　　方案 1～方案 5 的系统分析比较

序号	短路分析（kA）	潮　流　分　析	稳定分析	施工工程量	结论
正常方式	56.5	—	—	—	—
方案 1	39/31.3	在正常方式下，浙江 500kV 主网线路潮流均不超过热稳定限额。经 N–1 故障校核，浙江 500kV 主网线路潮流基本可以满足设备的热稳定要求，瓶窑 3 台主变压器的潮流分布比较均匀	满足	调整瓶乔 5411 和窑武 5915（或 5905）的仓位	推荐采用

续表

序号	短路分析（kA）	潮　流　分　析	稳定分析	施工工程量	结论
方案 2	43.9/36.5	在正常方式和 N–1 检修方式下，浙江 500kV 主网线路潮流均不超过热稳定限额。经 N–1 故障校核，线路潮流基本满足设备热稳定要求。在某些 N–2 检修方式下，如瓶王双线检修，会发生大环潮流的转移；在某些 N–1 检修状态下，发生 N–1 故障，瓶窑 3 台主变压器潮流分布严重不均匀	对主网稳定水平没有影响。天荒坪机组暂稳水平有所下降	调整天瓶 5406 线和窑王 5432 线的仓位	备选方案
方案 3	41/36	正常方式下，天荒坪 6 号机满发情况下，瓶窑 1、3 号主变压器潮流将超过稳定限额。瓶王双线任一线检修，另一线跳闸情况下，瓶窑 1、3 号主变压器潮流将远大于设备的过负荷能力	系统暂态稳定水平有所下降，但影响不大	需要调整窑武 5915 线和窑王 5432 线的仓位	
方案 4	39.5/31.4	在正常方式下，瓶窑 1、3 号主变压器潮流将超过稳定限额。瓶王双线任一线检修，另一线跳闸情况下，瓶窑 1、3 号主变压器潮流将远大于设备的过负荷能力	系统稳定水平影响不大	调整繁窑 5901 线和窑王 5432 线的仓位	
方案 5	35.8/40.4	500kV 和 220kV 母线交叉连接，网络结构不清晰。在正常情况下瓶窑 1、3 号主变压器潮流分布的严重不均。1 台主变压器超稳定限额时，另 1 台主变压器潮流比较轻			

上述各种方案除了方案 6 以外，均能有效地控制瓶窑变电站的短路容量，对瓶窑变电站各种母线分列方案进行潮流稳定分析以及工程实施难度的现场勘察后，在 2004 年采用方案 1，并首次应用 500kV GIL 管母技术实施了瓶窑母线分列运行改造，为浙江电网结构优化调整赢得了时间。

二、规划设计中枢纽变电站预留母线分列运行方式

瓶窑 500kV 母线分列运行为解决 500kV 短路电流超标问题提供了一个新的思路，通过 500kV 母线分列运行控制枢纽站的线路接入数量，从而可以有效地降低变电站的短路容量。从 2004 年以后，华东电网在规划中对枢纽变电站进行

了短路电流的滚动校核，对远景可能超标的变电站装设了母线分段断路器（如500kV 徐行变电站）或母线直接分列运行，也就是说在 1 个变电站内布置了 2 个独立的变电站（如 500kV 常熟站）。

第三节　整站改造，更换大容量开关设备

华东电网在 500kV 电网建设初期，“东线”和“西线”工程均采用 50kA 开断电流的断路器，站内设备也按照 50kA 短路容量进行设计校核。在华东 500kV 主网架形成初期，为加强 500kV 电网的建设，SD131—1984《电力系统技术导则》对电源的接入方式有明确的规定：一定规模的电厂或机组应直接接入相应一级的电压电网。在负荷中心建设的主力电厂宜直接接入相应的高压主网。单机容量为 500MW 及以上的机组一般宜直接接入 500kV 电压电网。DL 755—2001《电力系统安全稳定导则》在讨论电源的接入方式时再次强调：在经济合理与建设条件可行的前提下，应注意在受端系统内建设一些容量较大的主力电厂，主力电厂宜直接接入最高一级电压电网。在 500kV 电网的发展初期，这些规定对尽快加强 500kV 网架、充分发挥 500kV 网架的功能发挥了积极作用。此外，在 500kV 电网建设初期，500/220kV 电网电磁环网运行，220kV 短路电流超标严重，大机组尽可能接入最高一级电压电网的原因是电压等级越高其注入系统的短路电流越小，可有效控制较低电压等级电网的短路电流水平。

随着华东 500kV 电网的发展，500kV 系统短路电流也快速增长。20 世纪 90 年代末期开始建设的由世界银行贷款支持的华东江苏 500kV 输变电项目工程中，已经考虑到 50kA 断路器遮断容量在后续系统发展中对电网安全的限制，在石牌、车坊等 500kV 厂站采用 63kA 遮断容量的设计标准。2002 年开始的华东电网大发展期间新造的变电站发电厂均采用 63kA 遮断容量的设备。

但是早期建设的 500kV 瓶窑，黄渡、兰亭、双龙变电站等，均采用 50kA 遮断容量的断路器，这些站均处在华东 500kV 核心主环网上。随着 500kV 电网的加强以及接入 500kV 大容量电厂的增多，这些变电站短路容量陆续超过 50kA 的遮断容量。

随着华东 500kV 电网逐步加强成为网格状的主网架，将这些变电站从 50kA 遮断容量改造成 63kA 遮断容量逐步提上日程。但是改造工程量巨大，耗时很长，过渡期间对电网的安全运行影响比较大。首先，要确定需要更换的设备，除了考虑短路电流流经的设备，如断路器、隔离开关和电流互感器的短路电流耐受能力外，还应对设备的支持设备，如支柱等抗机械应力的冲击能力、接地网等站内设备进行核算，对不满足要求的设备应一并加以改造。其次，改造工作需要一串一串进行，有时因安全距离因素还需要陪停多个设备。第三，每串的改造视基础是否需要更换，短则接近 1 个月，多则需要 2 个月以上，更换工期较长。由于短路电流大的变电站一般都是电网中的枢纽变电站，潮流交换比较大，因此对电网的安全运行带来很大的考验。根据华东电网对黄渡、瓶窑、兰亭、斗山、江都、双龙等多个变电站改造的经验看，整个改造工程往往持续 1 年到数年，是电网安全运行的重大危险点，需要仔细核对停电计划，合理安排工期，并制订完备的事故应急措施。

第四节　网架结构优化

华东 500kV 电网建设伊始，通过东线和西线工程解决了安徽和苏北电力的送出问题。为了解决 500/220kV 电磁环网问题，需要加强 500kV 网架，2001 年底华东 500kV 主环网（见图 8–9）的建成使得华东 220kV 省际联络线的开断，以及苏南、上海地区的电磁环网解开成为可能，但是过度依赖枢纽变电站转供也带来了枢纽站的短路电流首先超标的问题。2003 年开始，500kV 瓶窑变电站短路容量超过 50kA 的断路器遮断容量，使得华东电网各级专业人员开始重新认识枢纽站的作用。为此，华东电网一方面先从运行方式调整入手（前面所述的短期措施）暂时解决短路电流超标问题，另一方面，着重加强规划对短路电流治理的关键作用。从 2003 年开始，华东电网从规划入手，由两淮电源点送到负荷中心的东、西通道工程建设，以降低瓶窑变电站和繁昌变电站的枢纽作用；先后建设了江苏过江 4 个通道，以降低斗山、武南变电站的枢纽作用；梳理了苏北的送电通道、钱塘江的过江通道等，对电网的加强和短路电流的治理取得了良好的效果，其中“武南脱出工程”和浙江的“桐乡输变电工程”具有代表性。

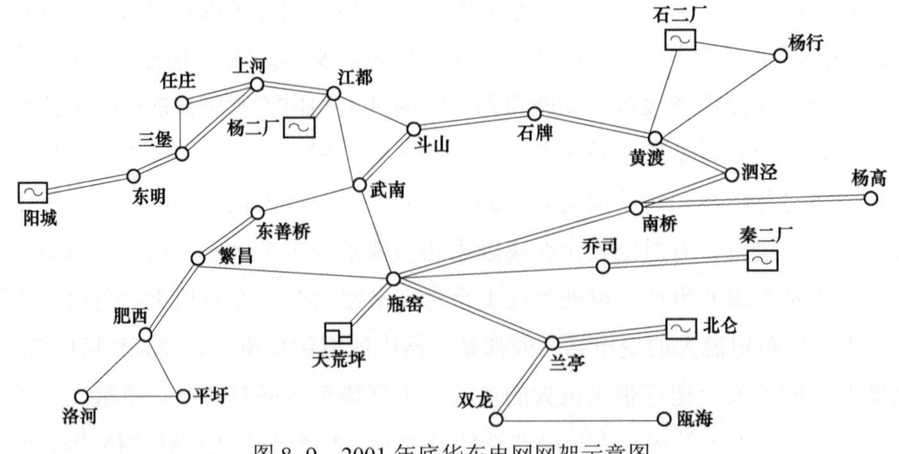

图 8–9　2001 年底华东电网网架示意图

一、武南脱出工程

截至 2009 年，江苏 500kV 电网已形成“四纵四横”的主网架结构。纵向的 4 个南、北向输电通道分别为：三堡—三汊湾—龙王山（西Ⅱ）、双泗—三汊湾—东善桥（西Ⅰ）、上河—江都—晋陵（中）、田湾核电—盐都—泰兴—斗山（东），这 4 个通道分别与北部电源及苏南受端网架相连。横向的 4 个东、西向输电通道分别为：江都—高港电厂—泰兴—三官殿—东洲（苏北沿江）、龙王山—上党—晋陵—张家港—太仓—徐行（苏南沿江）、东善桥—廻峰山—武南—斗山—石牌—黄渡（苏南中部）、当涂—惠泉—梅里—木渎—车坊—石牌—黄渡（苏南南部），这些横向通道分别与江苏北电南送通道、安徽西电东送通道与苏南负荷中心及浙江、上海相连。

2010 年，江苏 500kV 电网继续维持“四纵四横”的主网架结构，能够满足“北电南送、西电东送”的输电需求。为配合谏壁电厂百万千瓦机组在 2010 年投运，同年于 500kV 茅山变电站实施了升压输变电工程。根据接入系统审查结果，500kV 茅山变电站接入系统方案为：廻峰山—武南北侧线路开断接入茅山变电站，形成廻峰山—茅山—武南单回线路，但 500kV 茅山变电站投运后，苏南电网 500kV 武南变电站短路电流超过 63kA。因此，必须从运行方式及网架结构调整两方面，进一步研究控制短路电流水平的措施。

电网规划部门对华东电网、江苏苏南电网部分网架规划开展研究工作，得出的主要结论为：为保证谏壁电厂百万千瓦机组电力送出，并控制苏南电网整体短路电流水平，需要将 500kV 茅山—武南、武南—斗山线路进行完善改造。初步分析表明，将茅山—武南—斗山线路在武南变电站脱环可以较好地解决短路电流问题。谏壁电厂“上大压小”扩建系统加强方案示意图如图 8–10 所示。

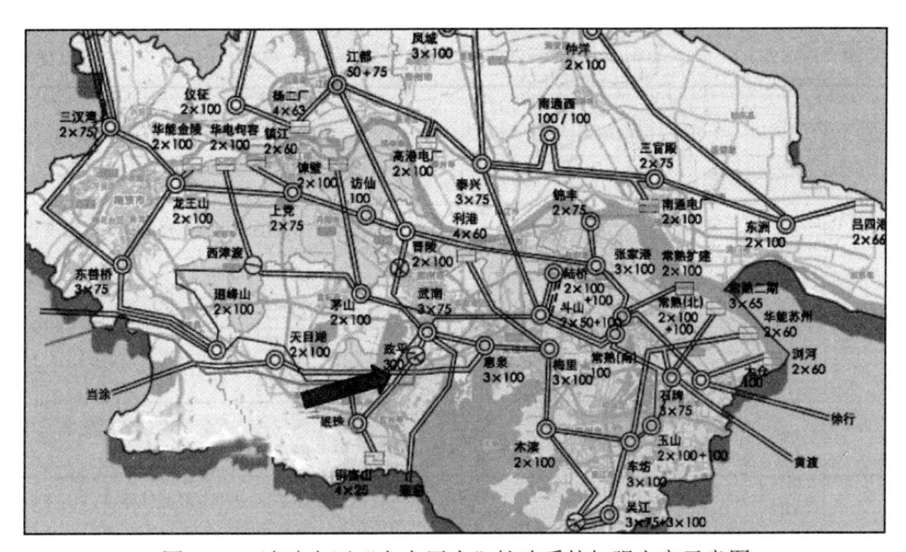

图 8–10　谏壁电厂“上大压小”扩建系统加强方案示意图

经技术经济比较及工程实施难度的遴选，初步选定：将 500kV 茅山—武南单回线路在茅山侧至武南—晋陵线路交界段利用原路径改为同杆双回大截面线路，然后将该双回线路其中 1 回利用现有茅山—武南线路搭接到武南—斗山北侧的 1 回线路上，形成茅山—斗山线路；另 1 回线路利用原晋陵—武南线路进入武南变电站（晋陵侧线路断开），在武南变电站内出串（或搭接）至武南—斗山另 1 回线上（500kV 出线需调整），形成 500kV 茅山—斗山第 2 回线路。

按该方案实施后，500kV 茅山变电站形成 3 回出线，其中 1 回至 500kV 廻峰山变电站，另有 2 回至斗山变电站，1 回利用部分武南—晋陵之间开断运行的 1 回线路形成，另 1 回线路利用现有茅山—武南及武南—斗山线路出串或串内跳接的方式形成（需调整武南变电站出线间隔）。此外，该方案武南—晋陵之间的联络线将由现在的 1 个通道 2 回线减少为 1 个通道 1 回线，为了控制武南和晋陵的短路电流，实际运行中武南—晋陵之间的联络线是开断运行的。

（1）短路电流水平计算。茅山变电站附近节点 500kV 母线短路电流见表 8–2。

表 8–2　　茅山变电站附近节点 500kV 母线短路电流　　kA

时间	序号	武南变电站	茅山变电站	斗山变电站	备　注
2011 年	1	75.47	33.10	66.70	本工程未投运
	2	52.59	34.51	55.87	本工程投运（即茅山—斗山南侧线路在武南变电站内出串运行）
	3	69.85	40.92	64.22	茅山—斗山南侧线路在武南变电站内不出串
	4	63.61	28.93	64.18	茅山—斗山南侧线路在武南变电站内不出串，且茅山—武南线路开断运行
	5	60.73	40.84	53.94	茅山—斗山南侧线路在武南变电站内不出串，且武南—斗山线路开断运行
2012 年	6	55.27	34.49	55.19	本工程投运（即茅山—斗山南侧线路在武南变电站内出串运行）、东Ⅱ通道投运
	7	72.22	41.16	63.92	东Ⅱ通道投运，茅山—斗山南侧线路在武南变电站内不出串
	8	66.10	29.02	63.87	东Ⅱ通道投运，茅山—斗山南侧线路在武南变电站内不出串，且茅山—武南线路开断运行
	9	63.28	41.11	53.32	东Ⅱ通道投运，茅山—斗山南侧线路在武南变电站内不出串，且武南—斗山线路开断运行

注　计算中电源采用满开机方式。

根据短路电流计算结果可得出如下结论：谏壁电厂百万千瓦机组投运后，即使江苏规划中的过江东Ⅱ通道投运后，茅山—斗山南侧线路在武南变电站内出串运行，各相关 500kV 变电站短路电流可控制在 63kA 以内。茅山—武南与武南—斗山线路若不出串运行，武南 500kV 母线短路电流将超过 63kA，本工程投运后形成 500kV 茅山—斗山双回线路脱离武南变电站，可大幅度降低武南变电站 500kV 母线短路电流水平。

（2）暂态稳定计算。暂态稳定计算结果见表 8–3，计算结果表明电网在三相故障后能保持系统稳定。

表 8–3　　暂态稳定计算结果

序号	故障线路及故障点	故障切除时间	结果
1	500kV 茅山—斗山线路，茅山侧三永	0～0.1～5s	稳定
2	500kV 廻峰山—茅山线路，茅山侧三永	0～0.1～5s	稳定
3	500kV 茅山—谏壁电厂线路，茅山侧三永	0～0.1～5s	稳定

（3）工频过电压、操作过电压和潜供电流。对于系统加强方案形成的 500kV 茅山—斗山双回线路，进行工频过电压及潜供电流计算，分析表明均无须采用措施限制工频过电压和潜供电流。

如果 500kV 茅山—斗山线路断路器不装设合闸电阻，则在进行三相合闸操作时，线路中过电压 2%的统计结果超过 2.0p.u.，因此该线路各相关出线断路器均应装设合闸电阻。经计算，在 500kV 茅山—斗山线路断路器装设 400Ω合闸电阻后，线路中及线路末端的操作过电压 2%的统计结果均小于 2.0p.u.。

500kV 茅山—武南—斗山南侧线路正常运行时，武南变电站内断路器合闸运行，因此合空线在茅山侧或斗山侧操作，武南变电站内断路器可以不考虑安装合闸电阻。

武南脱出工程的实施基本解决了困扰苏南常州、无锡地区多年的短路电流超标问题，成为结合新建工程从规划上解决短路电流问题的经典案例。

二、桐乡输变电工程

长三角地区是华东负荷密集区域，尤其在上海、苏南、浙北地区，因此在电网规划中优先考虑这些地区的负荷平衡。浙江电网桐乡变电站投运前后 500kV 系统示意分别如图 8–11、图 8–12 所示。

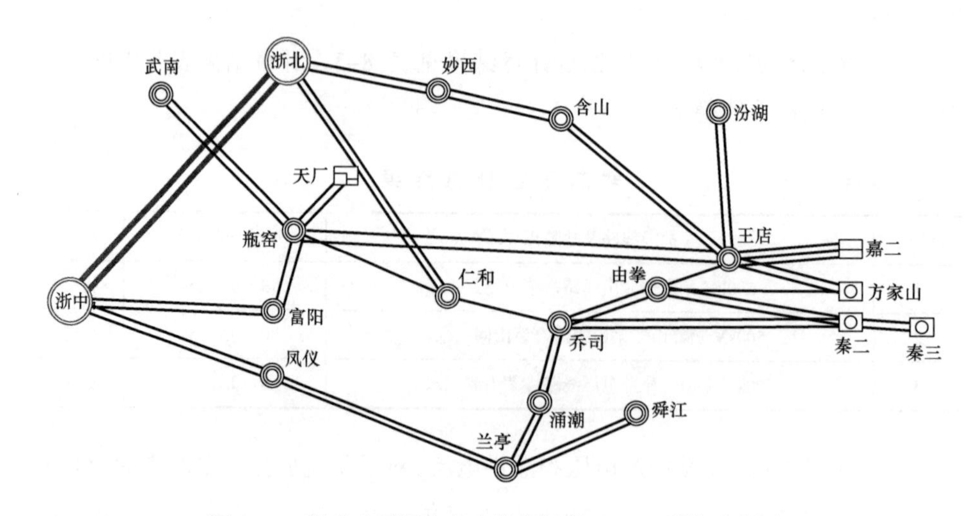

图 8-11　浙北电网桐乡变电站投运前 500kV 系统示意图

浙北的嘉兴地区 500kV 电网包括秦山核电二期、三期 6 台 600MW 机组、嘉兴电厂 6 台 600MW 机组，所以浙北地区的短路超标问题一直是华东电网需要着重解决的难题。2014 年冬季，随着浙江—福州特高压交流线路和方家山第 2 台核电机组的投产，浙北短路电流进一步攀升，通过拉停瓶窑—王店 1 回线（窑王 5432 线）、王店—由拳的王由 5442 线、王店—瓶窑—富阳单线出串运行的运行方式调整也无法抑制 500kV 王店变电站的短路电流水平。因此，如果不做网架结构上的变化，只有进一步采取汾湖—王店—含山出串的措施。由于冬季西南水电处于枯水期，复奉直流送电功率大减，上海电网需要从 500kV 受电通道受进的口子大增，导致浙江输送到上海潮流较重，王店—汾湖剩下的未出串线路将严重过负荷，需要将汾湖—王店—含山线路在王店变电站内恢复入串，并在方家山 1 机/2 机投产后分别安排嘉兴二厂 1 台或 2 台机组配合检修或调停，此外，还需维持窑王 5432 线、王由 5442 线拉停状态和王店—瓶窑—富阳单线出串的运行方式。这种方式的安排一方面对机组开机方式提出了很高的要求，对电厂运行方式安排影响很大，另一方面对冬季用电高峰期间电力平衡产生不利影响。

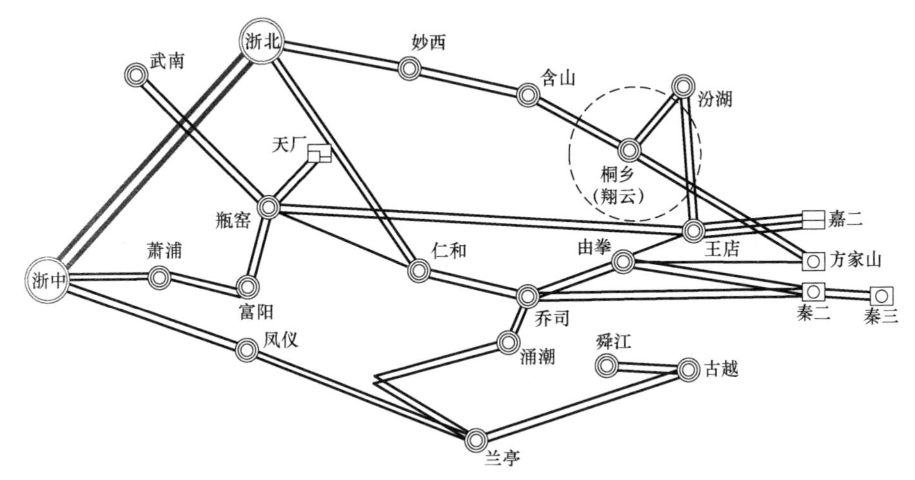

图 8–12　浙北电网桐乡变电站投运后 500kV 系统示意图

为彻底解决浙北地区短路电流问题，华东电网在 2010 年就开始研究王店枢纽变电站的脱环问题，新建 500kV 翔云变电站（即桐乡变电站），以翔云变电站至含山、汾湖和方家山方向各 2 回 500kV 线路接入系统，最初的方案为：在方家山升压变电站投运前，将王店—含山 500kV 双回线路开断接入桐乡变电站，将汾湖—王店 500kV 双回线从王店变电站脱出，改接至翔云变电站；方家山升压变电站投运后，将翔云—王店和王店—方家山 500kV 双回线从王店变电站脱出，并在王店变电站外搭接。500kV 桐乡输变电工程建成投运使得 500kV 王店变电站从 12 回进出线变成 8 回进出线，王店变电站的短路电流大幅下降，只需拉停王店—由拳单线即可将王店的短路电流控制在 53kA 左右，远小于 63kA 的断路器开断电流，且由于淮沪特高压的投运，整个浙北地区的潮流更趋合理，王店—汾湖—三林通道长期重负荷的问题得到根本缓解。

第五节　推进 500kV 机组改接至 220kV 电网的工作

目前国内 600MW 及以上机组基本接入 500kV（或 330kV）电网，新建的 600MW 及以上机组接入 500kV 电网，导致 500kV 电网短路电流快速攀升，且需要大量 500kV 变电容量。与此同时，在以长三角（上海、苏南、浙北）为代表的受端电网，220kV 分区电网负荷规模大、网架坚强，已具备 600MW 及以上机组的接入条件，而且 220kV 电网分层分区后的短路电流控制也相对容易。

一、600MW 及以上机组接入 220kV 分区电网的可行性研究

进入 21 世纪，华东电网快速发展，为控制其短路电流，至 2010 年长三角电网已经形成了 24 个 500kV 分区，逐步形成了以单个或多个 500kV 变电站组成分区对地区进行供电的方式。无论是哪种分区方式，分区电网一般呈围绕 500kV 变电站的 220kV 母线的放射状结构或小环网结构，因此，500kV 变电站的 220kV 母线一般是分区电网的短路电流控制节点，而分区电网规模及该控制节点的短路电流水平是研究 600MW 及以上机组能否接入 220kV 分区电网的关键。

参考文献［18］对 1000MW 机组接入独立分区的电网技术条件进行了探索，研究表明：

（1）负荷密度较高的受端电网（如长三角电网），500kV 电网短路电流一般为 50～60kA，当 500kV 系统短路电流较低时（如 50kA）机组接入分区电网受限于 220kV 短路电流约束，当系统短路电流较高时（如 60kA）分区电网接入电源规模受限于 500kV 短路电流约束，当短路电流高于 60kA 时，1000MW 机组已经无法接入 220kV 电网。1000MW 机组接入 220kV 电网示例见表 8–4。

（2）应根据分区负荷规划规模合理配置 500kV 主变压器容量（台数）和 1000MW 机组台数，同时合理配置分区 220kV 电网设备容量，使得 1000MW 机组“落得下、送得出”。

表 8–4　　1000MW 机组接入 220kV 电网示例

变压器（台）	50kA		60kA	
	合母运行接入 1000MW 机组台数	分母运行接入 1000MW 机组台数	合母运行接入 1000MW 机组台数	分母运行接入 1000MW 机组台数
2	4	4	1	1
3	3	3	1	1
4	2	2	1	1
5	1	1	—	1
6	—	1	—	—

二、北仑电厂 600MW 机组改接 220kV 系统示例

宁波北仑地区地处浙江东南沿海，经济发展迅猛，随着众多大型用户的入驻，北仑地区用电需求迅速增长，又由于沿海地区海运便利，近区大容量发电厂如北仑电厂（5000MW）、六横电厂（2000MW）、强蛟电厂（2400MW）、乌沙山电厂（2400MW）等均接入了 500kV 系统。

北仑发电厂装机容量为 5000MW（5×600+2×1000 万 kW），通过 4 回 500kV 线路送出，由于线路通道走廊的限制，北仑发电厂送出线路均为同杆双回路架设并入 500kV 电网。

目前，北仑电网主要由 500kV 春晓变电站供电，主供电源单一，若春晓变电站主变压器发生故障将直接影响北仑电网的供电。同时，北仑地区为台风多发地区，若发生严重自然灾害使北仑电网 500kV 网架结构遭到破坏，严重影响北仑发电厂机组电力的可靠送出以及北仑地区电网的可靠供电。另外，北仑发电厂出力以 500kV 并网并通过电网转移至春晓变电站降压，再通过 220kV 电网输送至负荷中心，电网运行总体损耗较大。随着大容量电厂的接入，附近兰亭变电站的短路电流水平开始超标。

基于以上问题，提出将北仑发电厂 1 台 600MW 机组从 500kV 电网改接入 220kV 电网的系统实施方案，一方面可以就地平衡负荷，降低春晓变电站供电负荷，在春晓变电站 1 台主变压器检修的情况下，另 1 台主变压器不会过负荷，可提高电网供电可靠性；另一方面，该方案能够将北仑电网的供电点从单一的春晓变电站变成春晓变电站加北仑发电厂 1 台 600MW 机组，同时降低了 500kV 北仑电厂附近 500kV 变电站的短路电流。

北仑发电厂 1 台 600MW 机组改接 220kV 系统方案可结合周边 220kV 电网建设情况进行。北仑发电厂附近有 220kV 江南变电站和邬隘变电站，还有 2 回 220kV 启备线分别接入 220kV 江南变电站和新乐变电站。

因此，将北仑发电厂 1 台 600MW 机组改接入 220kV 江南变电站和 220kV 邬隘变电站作为 2 个工程实施方案进行研究：将机组接入 220kV 江南变电站的方案利用目前发电厂至江南变电站的启备线，但江南变电站投运年份较早，其部分间隔设备不能满足发电厂接入要求，需进行改造，改造期间对其供区供电

产生较大影响；将机组接入220kV鄔隘变电站方案中，鄔隘变电站为新投运变电站，相关一、二次设备可以按照满足机组接入要求来设计施工，设计方案如下。

（1）北仑发电厂1台600MW机组改接至220kV母线，出线2回，接入220kV鄔隘变电站。

（2）为保证北仑发电厂1台600MW机组的可靠送出，将江南—新乐线开口环入鄔隘变电站，形成江南—鄔隘1回线、新乐—鄔隘1回线。

北仑电厂600MW机组改接方案对比如图8–13所示。

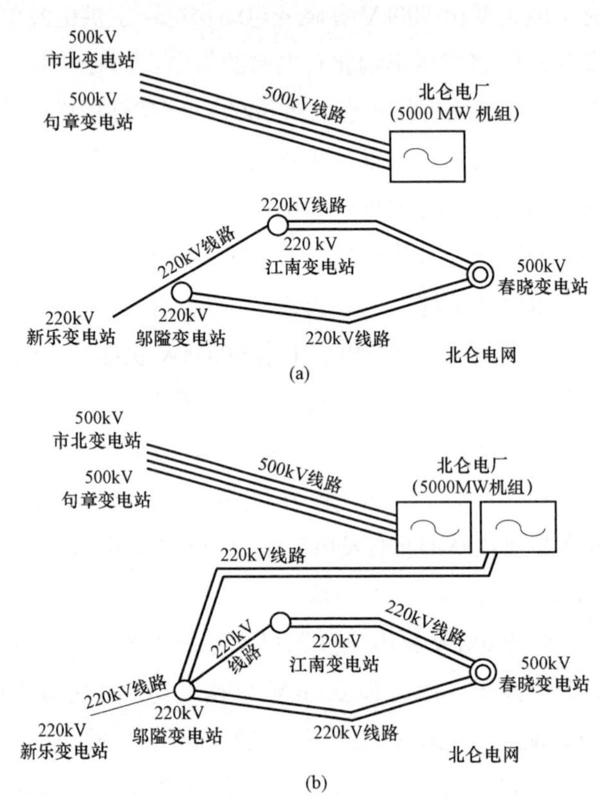

图8–13　北仑电厂600MW机组改接方案对比

（a）改接前；（b）改接后

改接方案还就以下方面进行了校核计算：

路，使整个电网的短路电流水平逐步好转，只需采取部分运行措施即可将短路电流控制在 63kA 内。

总结华东电网长期以来的治理经验，合理的电网规划是解决电网安全运行的根本，若规划不合理，会对后期运行造成巨大压力，同时对运行方式调整的要求会非常高，势必难以保证电网的安全运行裕度，因此一定要重视电网规划。

第九章

总结与展望

2003 年，500kV 瓶窑变电站成为华东电网首个超过断路器遮断容量的 500kV 变电站；2012 年，全合环方式下 18 个变电站 500kV 短路电流超标，占当年 500kV 变电站的 11%，短路电流最大的厂站 500kV 短路电流超过 100kA；2017 年，全合环方式下仅 6 个 500kV 变电站短路电流超标。华东电网经历了抑制短路电流的 15 年，期间规划、运检、调度等部门通力合作，通过规划整体设计、开关设备更换、调整系统运行方式等各种手段，终于使短路电流问题不再成为制约华东电网安全运行的主要问题。

随着近年华东电网的发展、特高压电网的加强和换流站内调相机的大量投产，短路电流超标问题又再度被重视。2018 年全合环方式下将有 9 个站短路电流超标，因此，应严格落实规划设计安排的解决措施，确保华东电网的安全运行。历年华东电网短路电流的治理措施见表 9–1。

表 9–1　　历年华东电网短路电流的治理措施

时间（年）	全合环短路电流超标厂站	华东电网采取的措施
2003	1	拉停 1 个断路器，拉停 5411 线
2004	1	500kV 瓶窑变电站母线分列运行
2005	2	1 出串 2 拉停
2012	18	上海电网 C 形开环运行，陪停机组，1 个串联电抗器
2014	16	6 出串 5 拉停
2015	11	5 出串 3 拉停
2016	8	3 出串 3 拉停，2 个串联电抗器
2017	6	2 出串 2 拉停，2 个串联电抗器
2018	9	2 出串 3 拉停，4 个串联电抗器

回首 15 年来华东电网短路电流的治理历程，可以总结出以下经验。

一、统一规划电网

系统结构、电源的接入方式与电网短路电流密切相关，而这两部分也是电网规划的重要内容。系统一旦建成，其承受短路电流的能力基本固定，若要提升短路电流承受能力需要巨大的投资，如更换更大遮断容量的开关设备、安装串联电抗器等，或者在运行方式上做出一定牺牲，如拉停线路、线路出串运行等。因此，系统短路电流是电力系统的一个自然属性或是一种资源，而且是调节裕度极为有限的资源，必须纳入统一规划。

控制短路电流的方法有很多，最根本的方法是从电网规划入手。按照电网规划的一般原则“电网跟着负荷走，电源跟着电网走”来控制短路电流。短路电流与电网的密集程度和接入电网的发电机密切相关，因此控制短路电流应从电网结构和电源两方面入手。电网在接入电源时要考虑接入点短路电流的限制，电源要为控制电网短路电流承担必要的责任。

在电网运行和建设中，控制短路电流比较常用的方法是增加变压器等元件阻抗、引入限流电抗器或采用解环出串运行的方式等。虽然这些方法在日常运行中被证明是有效的，但更应该从电网规划的角度控制短路电流，如在规划中统筹限流电抗器接入点与容量的选择，兼顾未来解环运行时解环点的选择等。另外，根据日本电网短路电流的治理经验，对负荷密度高、线路走廊资源匮乏的地区，可以采用大截面导线，一方面增大单回线路的输电能力，另一方面减少变电站的接入线路，从而降低区域的短路电流水平。上海 500kV 电网外半环的建设就借鉴了日本电网的成熟经验。

华东电网初建之时，为了保证系统的安全运行，规划中依赖枢纽变电站的转运作用，对 500kV 初期电网的安全运行起到了重要作用，但过度依靠枢纽变电站的转运作用使得 2003 年枢纽变电站的短路电流最先超标，成为电网短路电流治理中的难点。从 2005 年开始，电网规划逐步降低对早期枢纽变电站的依赖，通过上海外半环的建设、浙江富阳和乔司变电站的建设来降低瓶窑变电站的重要性，以及常州地区 500kV 电网运行方式调整（即武南脱出工程）、桐乡输变电工程等一系列电网规划调整工程，使得华东电网的短路电流分布更趋合理。因此，从规划入手，在规划中配套短路电流超标问题的具体措施成为华东电网规划设计的重要组成部分。

二、采用合理的电源接入方式

1. 主力电厂的并网原则

SD 131—1984《电力系统技术导则》对电源的接入方式有明确的规定：“一定规模的电厂或机组应直接接入相应一级的电压电网。在负荷中心建设的主力电厂宜直接接入相应的高压主网。单机容量为 500MW 及以上的机组一般宜直接接入 500kV 电压电网。DL 755—2001《电力系统安全稳定导则》在讨论电源的接入方式时再次强调：“在经济合理与建设条件可行的前提下，应注意在受端系统内建设一些容量较大的主力电厂，主力电厂宜直接接入最高一级电压电网”。在 500kV 电网的发展初期，这些规定对快速加强并充分发挥 500kV 网架的功能起到了积极作用。此外，大机组尽可能接入最高一级电压电网的原因是电压等级越高其注入系统的短路电流越小，可控制较低电压等级电网的短路电流水平。

华东电网作为大受端电网，在早期电网规划建设中认真执行了上述规定，将大机组接入 500kV 系统，使华东电网的稳定水平随着 500kV 系统的不断加强而不断提高。但当 500kV 电网足够坚强后，就长三角地区而言，500MW 及以上机组是否需要接入最高一级电网，或者说其必要性是不是很大已不同于电网建设初期，具体原因有：一方面，当 500kV 电网的短路电流水平足够满足其作为受端系统的需要，大机组接入该级电压电网时系统并不会使电网的稳定性发生质的变化，反而使设备承受过大短路电流的压力；另一方面，长三角地区，尤其是上海、苏南地区电网内普遍实施了分层分区运行，相对于目前 500kV 系统的短路电流，220kV 电网双母线双分段的接线方式反而在解决短路电流的能力上更具优势。

如果该大电厂在送端，考虑到电能的送出问题，将其接入高一级电压电网还有必要；但其若在受端，由于不存在电能外送问题，故是否需要接入最高一级电压电网是值得商榷的。作为受端系统的电厂，只要短路电流、电压与稳定、周边负荷等方面的指标允许，无论其容量多大，从经济性角度考虑，接入电网的电压等级越低越有利。

华东电网近年来做了一些有益的尝试，将北仑电厂、嘉兴二厂、兰溪电厂各1台600MW机组从500kV系统改接到220kV系统，在规划设计时将沙洲二厂的2台600MW机组直接接入220kV电网，这对有效降低500kV短路电流起到了良好的效果，同时增加了220kV电网的供电能力和电压支撑能力，有力地保障了负荷密集地区电网的安全运行。

2. 电厂机组与出线的单元制接线方式

目前大电厂内部的单元制已被各方广泛接受，但单元制按线路变压器组（以下简称单机单线单变）接入系统的方式并不普遍。目前，华东电网仅少数几个电厂采用此方式，而且是300MW的小机组，绝大多数电厂建有升压变电站并设有高压母线，出线基本按照*N*–1的原则配置，即任一条线路故障跳闸后其余线路应保证全厂出力的安全送出。实际上这种接线方式对降低短路电流也有明显作用。如2004年上海、江苏的一些接入220kV系统的大电厂（如石洞口一厂、利港电厂等）的出线均在8回以上，单机单线单变的接线方式对发电厂接入系统已足够可靠，且对短路电流的影响也较明显。以石洞口电厂为例，正常方式下杨行220kV母线的短路电流为46.34kA，若考虑该厂按单机单变单线方式接入，则杨行220kV母线的短路电流可降到43.41kA。再如2×600MW的吴泾第二电厂若改用单机单线单变方式接入系统，则可使长春变电站220kV母线的短路电流从目前的26.43kA降到22.59kA，其效果非常明显。上海电网由于地域条件的原因其线路都较短，若考虑线路长度更长的情况，则降低短路电流的效果将更好。

也有人认为单机单线单变的接线方式会降低电厂的可靠性，最明显的就是当线路故障时将引起发电机停机，这是肯定的，但线路的强迫停运率远低于发电机的强迫停运率，由线路故障引起发电机停运的概率在一定时间段内可以不予考虑，且提高发电机运行可靠性的手段与措施有很多，将注意力放在提高接线的可靠性上在效益上是不经济的，在效果上也不明显。

电厂之间的联络线往往是初建电网的产物，电网发展到一定程度时应开断这些线路，以有效地降低短路电流。在环网中将该思路再作适当的推广，为降低电厂对环网短路电流的影响，在条件许可的情况下，大电厂不宜串在环网中，已处于环网中的电厂在条件许可的情况下应将其脱环。

3. 就近接入原则

SD 131—1984《电力系统技术导则》和 DL 755—2001《电力系统安全稳定导则》对电厂接入系统都没有明确规定就近接入的原则，但在实际中，考虑到电厂并网的经济性，一些电厂往往集中在某个地区，若这些电厂按就近接入的原则并网，往往会造成局部地区的短路电流过大。

因此，有关部门应制定一定的政策引导发电企业根据系统短路电流的情况选择不同的并网点，而不应该仅考虑机组并网的经济性。

综上所述，为控制短路电流水平，对电源接入系统的方式有如下建议：

（1）在主网达到一定稳定水平后，不宜再强调大机组一定接入最高一级电压电网；

（2）电厂并网点的选择应充分考虑对系统短路电流水平的影响；

（3）适时推行发电厂以单机单变单线方式接入系统；

（4）如果条件允许，大电厂之间不应有直接的联络线；

（5）减少大电厂串在环网中运行的方式。

三、采用高阻抗变压器

在确保系统稳定的前提下，采用高阻抗变压器控制短路电流的效果很明显。如上海 500kV 杨行变电站的联络变压器阻抗增加 10%时，可分别使 500kV 与 220kV 母线的短路电流下降 1.6kA 与 9.1kA。当然，也可以适当提高发电机出口变压器的阻抗，使发电机注入系统的短路电流有所减小。

四、采用限流电抗器

理论上说，采用串联电抗器来增加系统等值阻抗从而限制短路电流是有效的，但在实际中，220kV 及以上电压等级系统中这种应用比较少。在 500kV 电网中，最早在巴西电力系统使用限流电抗器，主要问题还是设备制造。在如此高的电压等级电网中串入一个正常运行时就承受较大电流的电抗器是一个很大的挑战。国内外也在试验研究短路电流限制器，仅在出现短路电流且短路电流流过该装置时才将其串入回路以限制短路电流。

华东电网在15年的短路电流治理中，对串联电抗器和可控串联电抗器均进行了大胆的尝试。试验表明，串联电抗器在解决系统短路电流方面具有极大的优势，上海500kV电网在安装了4组14Ω或28Ω的串联电抗器后，完全解决了短路电流超标问题，恢复成内、外双环的网络运行方式。可控串联电抗器由于受制于设备的制造水平和运行方式的灵活性（主要对本线、相邻线路保护的影响），在浙江杭州地区试点后就没有进行更深入的尝试。

五、电网分层分区运行

在高一级电压电网建成以后，低一级电压电网实行分层分区的运行方式，一方面可以防止因负荷转移引起电网恶性连锁反应，另一方面，电磁环网解网运行也是采用的短路电流限制措施。华东电网是短路电流较早超标的地区，为了限制短路电流，逐步采取了220kV电网解列的分层分区运行措施。在1997年华东省际联络线断开的计算分析研究中表明，省际220kV联络线开断，可使两端220kV母线短路容量下降20%～47%，邻近220kV母线短路容量下降20%以上者有16个，平均下降27%，最高下降达42%。苏南地区省内220kV联络线开断使得相关母线短路容量下降24%～40%，邻近母线下降最高达26%，其中220kV谏壁电厂在省际、省内联络线开断后短路容量下降24%。可见，省际、省内电磁环网解网运行对降低220kV短路容量效果显著，同时也对500kV电网的短路电流的降低产生一定的效果。但这将降低系统的供电可靠性，需要在电磁环网解网的同时对500kV电网进行加强，并增加地区的降压容量，梳理220kV电网的结构。

综上，合理的网架结构、合理的电源接入方式是电网安全稳定运行的关键，而做到这一点，只有从规划入手。同样，短路电流超标问题的治理，也应该从规划入手，从电网长期发展角度入手，合理规划网架结构，将电网的短路电流作为电网安全运行的资源之一。此外，运检和调度部门也应该配合规划通力协作，通过高阻抗变压器、中性点小电抗、串联限流器和运行方式调整等多管齐下，综合治理，逐步将电网的整体短路电流水平控制在一个合理的范围。当然，治理过程中，随着电网规模的不断发展，短路电流超标问题可能在缓解一段时间后又再度严重，但是，只要按照既定的措施认真加以实施，必然可以合理解决短路电流超标问题。

自2010年±800kV复奉直流工程投运以来，相继有锦苏、宾金、灵绍、雁怀、锡泰等6回特高压直流投入运行。首个特高压交流皖电东送淮南至上海输电示范工程于2013年9月25日投入商业运行，之后又有1000kV浙福特高压输变电工程和淮南—南京—上海工程的相继建成投运，等到2019年苏通1000kV GIL管廊工程建成投运，华东交流特高压电网已形成环网，并通过浙北—福州工程延伸至福建省，华东电网已经迈入特高压时代。

在特高压建设初期，由于特高压交流网架较弱，受到省级电力交换及系统稳定性的要求，省际500kV联络线在可以预期的将来很难开断，1000kV与500kV电网将长期共存。特高压交流网架和已有的500kV之间构成电磁环网，进一步拉近了500kV电网直接的电气距离，这会提升特高压落点近区电网的短路电流水平，因此，需要研究特高压交流落点近区电网结构。建议以交流特高压枢纽变电站为依托，理顺周边的500kV电网，使之结构清晰、潮流均衡、短路电流在可控范围之内。

直流特高压落点近区的500kV变电站短路电流超标问题需要引起重视。一方面，大功率直流落点附近的500kV电网除原有功能外，需要增加承担转运跨区电能的任务；另一方面，在直流落点近区为提高系统的电压稳定水平，配置调相机来补偿动态无功，调相机本身也提供短路电流，加之直流落点多选在负荷中心，周边的500kV变电站短路电流水平本就不低，使得短路电流超标问题凸显。在宾金直流近区的金华500kV电网已经暴露此类问题。可见，未来华东电网500kV短路电流超标的问题主要表现在直流特高压落点近区的500kV枢纽变电站，解决好这个问题，才能保证跨区直流送得进、落得下。

附录A　华东电网短路电流计算标准

1　范围

本标准规定了三相交流系统短路电流计算的原则和方法。

本标准适用于华东电网计算标称电压为220kV及以上、频率为50Hz的三相交流系统的短路电流水平，校核短路电流水平是否满足断路器的开断能力。

本标准适用范围为华东电网内调度机构，电力生产企业，电力供应企业，电力建设企业，电力规划和勘测、设计、科研等单位。

2　规范性引用文件

下列文件中的条款通过本标准的引用而成为本标准的条款。凡是注日期的引用文件，其后所有的修改单（不包括勘误的内容）或修订版均不适用于本标准。然而，鼓励根据本标准达成协议的各方研究是否可使用这些文件的最新版本。凡是不注明日期的引用文件，其最新版本适用于本标准。

GB/T 15544—2013　三相交流系统短路电流计算

GB/1984—2014　高压交流断路器

DL/T 5163—2015　水电工程三相交流系统短路电流计算导则

DL/T 559—2007　220kV～750kV电网继电保护装置运行整定规程

IEC 60909-0—2001　三相交流系统短路电流计算：短路电流计算方法

3　术语和定义

下列术语和定义适用于本标准。

3.1

短路 short-circuit

［GB/T 15544—2013 的 1.3.1］

3.2

短路电流 short–circuit current

［GB/T 15544—2013 的 1.3.2］

3.2.1

母线三相短路电流 bus three–phase short–circuit current

母线上发生三相短路时的短路电流。

3.3

对称短路电流 symmetrical short–circuit current

［GB/T 15544—2013 的 1.3.4］

3.4

对称短路电流初始值 initial symmetrical short–circuit current

［GB/T 15544—2013 的 1.3.5］

3.5

短路电流的衰减直流（非周期）分量 decaying（aperiodic）component of short–circuit current

［GB/T 15544—2013 的 1.3.7］

3.6

系统标称电压 nominal system voltage

［GB/T 15544—2013 的 1.3.13］

3.7

同步电机的次暂态电压 E'' subtransient voltage E'' of a synchronous machine

短路瞬间，在次暂态电抗 X''_{d} 后起作用的同步电机对称内电动势的有效值。

3.8

短路点 F 的短路阻抗 short–circuit impedances at the short–circuit location F

［GB/T 15544—2013　1.3.19］

3.8.1

三相交流系统的正序短路阻抗 $Z_{(1)}$ positive–sequence short–circuit impedance $Z_{(1)}$ of a threephase a.c. system

［GB/T 15544—2013 的 1.3.19.1］

3.8.2

三相交流系统的负序短路阻抗 $Z_{(2)}$ negative–sequence short–circuit impedance $Z_{(2)}$ of a threephase a.c.system

［GB/T 15544—2013 的 1.3.19.2］

3.8.3

三相交流系统零序短路阻抗 $Z_{(0)}$ zero–sequence short–circuit impedance $Z_{(0)}$ of athree–phase a.c.system

［GB/T 15544—2013 的 1.3.19.3］

3.9

电气设备的短路阻抗 short–circuit impedance of electrical equipment

［GB/T 15544—2013 的 1.3.20］

3.9.1

电气设备的正序短路阻抗 $Z_{(1)}$ positive–sequence short–circuit impedance $Z_{(1)}$ of electrical equipment

［GB/T 15544—2013 的 1.3.20.1］

3.9.2

电气设备的负序短路阻抗 $Z_{(2)}$ negative–sequence short–circuit impe dance $Z_{(2)}$ of electrical equipment

［GB/T 15544—2013 的 1.3.20.2］

3.9.3

电气设备的零序短路阻抗 $Z_{(0)}$ zero–sequence short–circuit $Z_{(0)}$ of electrical equipment

［GB/T 15544—2013 的 1.3.20.3］

3.10

同步电机的超瞬态电抗 subtransient reactance of a synchronous machine

［GB/T 15544—2013 的 1.3.2.1］

3.11

对称分量法 symmetrical components

任何一个 n 相的不对称系统可以分解为 n 组对称的 n 相系统，每一组中 n 相的长度均相等，且相邻相间的相角差相同，此 n 组对称的相系统称为原有相系统的对称分量。三相系统中的 3 个不对称相量可以分解为 3 个对称的三相系统。

3.12

断路器开断能力 interrupting capability of circuit breaking

断路器能开断的最大短路电流能力就是短路开断能力。断路器在开断操作时，首先起弧的某相电流称为开断电流。在额定电压下，能保证正常开断的最大短路电流称为额定（短路）开断电流。它是标志断路器开断能力的一个重要参数。额定短路开断能力由两个值来表征：（1）交流分量有效值；（2）直流分量百分数。

［GB 1984—2014 的 4.101］

4 短路电流计算的基本假设

在电力系统中，故障时电气量的变化是一个比较复杂的过程，其影响因素甚多，要进行精确的计算相当困难。在实际计算中，可以在工程允许的范围内，针对不同电压等级的特点，作相应的假设。本标准主要是针对 220kV 及以上的高压电网的短路电流计算，计算中作如下基本假设：

a）不考虑短路电流周期分量的衰减，不考虑短路电流的非周期分量，只计算对称短路电流始值。

b）发电机及调相机的阻抗采用 $t=0$ 时的瞬时值。

c）系统中各元件的参数都是恒定的。

d）系统中除不对称故障处以外都是三相完全对称的（不考虑牵引变的不对称情况）。

e）同步电机的转子是对称的，转子不论转到什么位置同步电机的参数都保持不变。

f）短路为金属性短路。不计故障点的相间电阻和接地电阻。

5 系统元件的参数

根据对称分量法的原理，电网中各元件的阻抗参数可以分为正序、负序、零序三种阻抗值。电网中各电气元件的序阻抗参数的正确性，对短路电流计算结果影响较大。

5.1 发电机的阻抗参数

5.1.1 发电机的正序阻抗，采用 $t=0$ 时的瞬时值 X_d''。发电机磁路正常在额定磁通下运行，略呈饱和状态，在短路电流计算时，采用与此饱和状态相适应的 X_d'' 饱和值。

5.1.2 定子绕组通过负序电流，产生转速与额定频率相同，但方向相反的旋转磁场。这个旋转磁场与转子间的相对速度将 2 倍于额定转速。由于转子磁极与定子负序磁场相对位置的周期性变化，从发电机定子侧所见的负序电抗，采用纵轴次暂态电抗 X_d'' 和横轴次暂态 X_q'' 的算术平均值 $(X_d''+X_q'')/2$。

5.1.3 发电机的零序电抗由定子线圈的等值漏磁通确定，零序电抗的变化范围大致 $X_0=(0.15\sim0.6)X_d''$，具体的数值可根据发电机类型确定。

5.1.4 发电机的定子电阻很小，可忽略不计。

5.1.5 调相机与发电机情况基本相同，与发电机相同考虑。

5.2 变压器的阻抗参数

5.2.1 双绕组变压器的正序阻抗

双绕组变压器可以用如图 A.1 所示的 T 形等值电路来表示，为简化计算，把并联的励磁支路移到变压器的端部，形成 Γ 形等值电路。

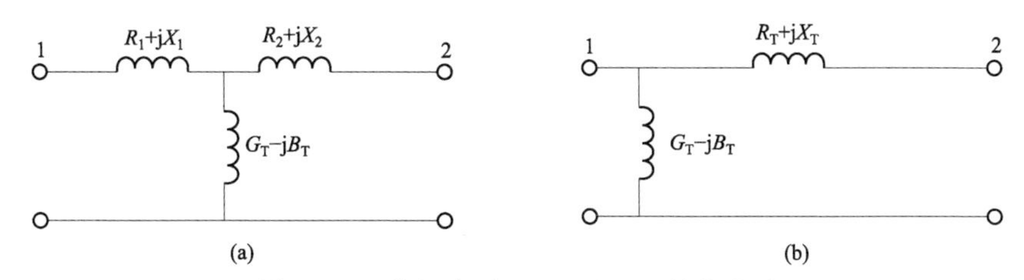

图 A.1 双绕组变压器 T 形和 Γ 形等值电路

（a）T 形等值电路；（b）Γ 形等值电路

双绕组变压器的正序阻抗参数按下式计算：

$$R_T=\frac{P_K U_N^2}{1000S_N^2}$$

$$X_T=\frac{U_k\%}{100}\cdot\frac{U_N^2}{S_N}$$

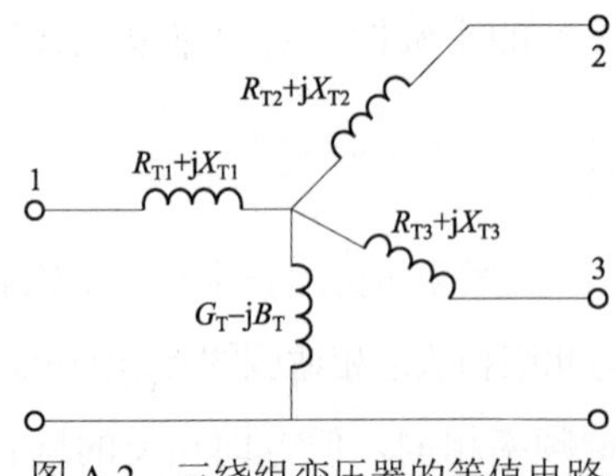

图 A.2 三绕组变压器的等值电路

式中：S_N 为变压器额定容量；U_N 为变压器额定电压；P_K 为变压器短路损耗；$U_k\%$ 为变压器短路电压百分数。

5.2.2 双绕组变压器的负序阻抗和正序阻抗相等。

5.2.3 三绕组变压器的正序阻抗

三绕组变压器可以用如图 A.2 所示的等值电路来表示，同样，把并联的励磁支路移到变压器的端部。

三绕组变压器的正序阻抗参数按下式计算：

$$\begin{cases} P_{k1}=\dfrac{1}{2}(P_{k(1-2)}+P_{k(1-3)}-P_{k(2-3)}) \\ P_{k2}=\dfrac{1}{2}(P_{k(1-2)}+P_{k(2-3)}-P_{k(1-3)}) \\ P_{k3}=\dfrac{1}{2}(P_{k(1-3)}+P_{k(2-3)}-P_{k(1-2)}) \end{cases}$$

$$\begin{cases} U_{k1}\%=\dfrac{1}{2}(U_{k(1-2)}\%+U_{k(1-3)}\%-U_{k(2-3)}\%) \\ U_{k2}\%=\dfrac{1}{2}(U_{k(1-2)}\%+U_{k(2-3)}\%-U_{k(1-3)}\%) \\ U_{k3}\%=\dfrac{1}{2}(U_{k(1-3)}\%+U_{k(2-3)}\%-U_{k(1-2)}\%) \end{cases}$$

$$\begin{cases} R_{T1}=\dfrac{P_{k1}U_N^2}{1000S_N^2} \quad X_{T1}=\dfrac{U_{k1}\%}{100}\cdot\dfrac{U_N^2}{S_N} \\ R_{T2}=\dfrac{P_{k2}U_N^2}{1000S_N^2} \quad X_{T2}=\dfrac{U_{k2}\%}{100}\cdot\dfrac{U_N^2}{S_N} \\ R_{T3}=\dfrac{P_{k3}U_N^2}{1000S_N^2} \quad X_{T3}=\dfrac{U_{k3}\%}{100}\cdot\dfrac{U_N^2}{S_N} \end{cases}$$

$$G_T=\frac{P_0}{1000U_N^2}$$

$$B_T=\frac{I_0\%}{100}\cdot\frac{S_N}{U_N^2}$$

式中：U_N 为变压器额定电压；$P_{k(1-2)}$、$P_{k(1-3)}$、$P_{k(2-3)}$ 为变压器两绕组间的

短路损耗；$U_{k(1-2)}\%$、$U_{k(1-3)}\%$、$U_{k(2-3)}\%$为变压器两绕组间的短路电压百分数。

5.2.4 三绕组变压器的负序阻抗和正序阻抗相等。

5.2.5 双绕组变压器的零序阻抗

双绕组变压器零序等值电路仍可用图 A.1 的T形等值电路，但是其中的励磁电抗与变压器的结构以及中性点的接地情况有关，而且等值电路中两端点与外电路之间的关系取决于绕组的连接方式。与外电路的连接，可用如图 A.3 所示的开关电路来表示，图中，Z_{g1}和Z_{g2}为变压器中性点接地阻抗。

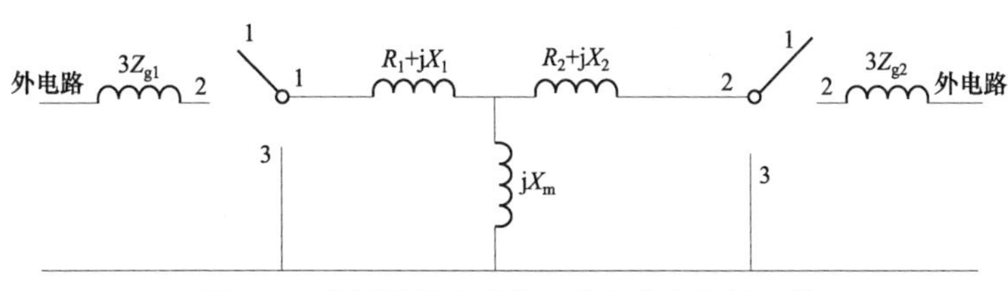

图 A.3 变压器零序等值电路与外电路的连接

变压器零序等值电路中的阻抗支路的确定，宜通过实测或由变压器厂家提供。

5.2.6 普通三绕组变压器的零序阻抗

三绕组变压器零序等值电路仍可用图 A.2 的等值电路来表示，但是其中的励磁电抗与变压器的结构以及中性点的接地情况有关，而且等值电路中两端点与外电路之间的关系取决于绕组的连接方式；变压器零序等值电路与外电路的连接方式见表 A.1。

表 A.1　　变压器零序等值电路与外电路的连接方式

变压器绕组接法	开关位置	绕组端点与外电路的连接
Y	1	与外电路断开
YN	2	与外电路接通
d	3	与外电路断开，但与励磁支路并联

5.2.7 三绕组自耦变压器的零序等值电路

自耦变压器中有两个直接电气联系的自耦绕组，中性点直接接地的自耦变压器的零序等值电路及其参数，等值电路与外电路的连接情况，与普通变压器相同。

当自耦变压器的中性点经阻抗 Z_n 接地时，正、负序等值电路与普通电压器相同，但零序等值电路则完全不同，自耦变压器中流过中性点的零序电流为两侧实际零序电流之和的 3 倍，而且接地阻抗上的电压降同时影响两侧的零序电压。

三绕组自耦变压器零序等值电路中折算各绕组到 1 侧的零序等值阻抗值的计算公式为：

$$\begin{cases} Z'_{T1} = Z_{T1} + 3Z_n(1-k_{12}) \\ Z'_{T2} = Z_{T2} + 3Z_n(k_{12}-1)k_{12} \\ Z'_{T3} = Z_{T3} + 3Z_n k_{12} \end{cases}$$

式中：k_{12} 为变压器 1 侧额定电压与 2 侧额定电压之比；Z_{T1}、Z_{T2}、Z_{T3} 为变压器阻抗。

5.3 输电线路的序参数

5.3.1 架空线路和电缆线路的正序参数包括正序电阻、正序电抗和正序电纳，负序参数与正序参数相等。

5.3.2 架空线路和电缆线路的零序阻抗与正序阻抗参数不相等，线路正负零序参数宜采用实测参数。

5.3.3 平行线的零序阻抗参数应包括平行线路之间的零序互感阻抗，一般通过实测获得。

5.4 串联电容和电抗

假设串联电抗器和电容器三相对称而且各相之间没有互感，串联电容和电抗的正序、负序和零序电抗值相等，等同于单相参数。

5.5 并联电容和电抗

假设并联电抗器和电容器三相对称而且各相之间没有互感，并联电容和电抗的正序、负序和零序电抗值相等，等同于单相参数。

5.6 高压直流输电

交流系统故障时直流系统不提供短路电流，计算中不考虑直流输电的影响。

单相短路故障时应考虑换流变压器的接地方式。

5.7 柔性交流输电 FACTS

5.7.1 静止无功补偿器 SVC 可表示为固定并联电容。

5.7.2 可控串联补偿器 TCSC 可表示为固定串联电容。

5.8 等值小电源

5.8.1 短路电流计算时系统中包含的未详细建模的小电源可用等值发电机来表示，发电机的等值阻抗表示为 $Z_S(=R_S+jX_S)$。

5.8.2 等值小电源一般应等值至最近的接入系统点，具体电压等级视短路电流计算的建模详细程度而定。

5.9 负荷的阻抗

负荷的中性点一般是不接地的，不考虑负荷的零序阻抗。但在未详细模拟供电变压器的接地方式时，应以节点等值零序阻抗表征未详细模拟的下级电网的零序综合阻抗。

5.10 风电场和风电机组模型

5.10.1 考虑三种常用的风电机组类型：固定转速风电机组、双馈变速风电机组和直驱型风电机组。

5.10.2 固定转速风电机组的基本结构和感应电动机相同，在计算电网短路电流时，按照同容量的感应电动机处理。

5.10.3 双馈变速风电机组在电网发生短路时向系统馈入的短路电流与机组的控制和保护环节关系较大。进行短路电流计算时，假设转子侧换流器保护是理想的，即在短路发生的瞬间将换流器短路，风电机组馈入系统的短路电流特性与感应电动机类似。在计算电网短路电流时，将双馈变速风电机组按照同容量感应电动机处理。

5.10.4 直驱型风电机组通过交—直—交变频转换接入系统，不向系统馈入短路电流，在短路电流计算时不考虑其影响。

6 外部网络的等值方法

6.1 短路电流计算时，可以对相应的外部网络进行等值。

6.2 外部网络的等值应执行下一级电网服从上一级电网的原则。

6.3 外部网络通过直流输电互联的电网，不考虑外部网络对短路电流计算的影响。

6.4 等值网络的提供形式

如图 A.4 所示的区域电网互联系统，假设区域电网 A 和区域电网 B 通过交流线路 L1 和 L2 互联，区域电网 A 和区域电网 C 通过交流线路 L3 和 L4 互联。

计算区域电网 A 的短路电流时，必须由上一级电网提供区域电网 A 相应的外部网络的等值系统，则区域电网 A 的外部网络（由区域 B 电网和区域电网 C）的等值系统如图 A.5 所示，外部等值网络由联络线节点 B1、节点 B2、节点 C1、节点 C2 和相应的等值线路 B1B2、线路 C1C2 组成，等值参数包括：

（1）节点 B1、节点 B2、节点 C1、节点 C2 的正序、负序、零序自阻抗。

（2）节点 B1 和节点 B2 之间的等值正序和零序互阻抗。

（3）节点 C1 和节点 C2 之间的等值正序和零序互阻抗。

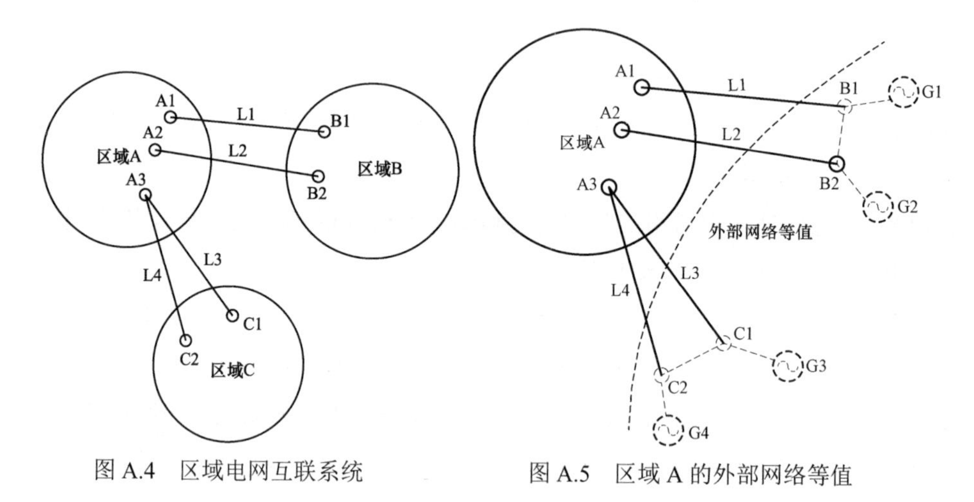

图 A.4 区域电网互联系统　　图 A.5 区域 A 的外部网络等值

7 短路电流计算的原则和方法

7.1 系统的建模范围

7.1.1 应考虑所有发电机组，包括等值小电源，其中统调管辖的接入 220kV 及以上电压等级机组应详细建模。

7.1.2 应考虑电压等级为 220kV 及以上的所有线路，对 330kV 电网，如果 330kV 主变压器的中压侧电压等级为 110kV，则应包括主变压器 110kV 侧的相应线路。

表 B.1　　　　母 线 系 统 数 据

母线名	额定电压（kV）	母线并联电容（Mvar）
1	500	−600
2	500	0
3	500	300
4	500	0
5	500	0
6	500	0
7	500	0
8	230	0
9	230	600
10	230	50
11	230	300
12	230	0
13	230	0
14	230	0
16	230	0
17	230	0
18	21.6	0
19	21.6	0
20	20	0
21	18	0
22	13.8	0
23	13.8	0

3. 线路参数数据

线路参数数据见表 B.2。

表 B.2　　　　线路参数数据（标幺值）

序号	首端	末端	I_d	R	X	B	R_0	X_0	B_0
1	1	2	1	0.002 600	0.046 000	3.500 000	0.007 000	0.120 000	3.340 000
2	1	2	2	0.002 600	0.046 000	3.500 000	0.007 000	0.120 000	3.340 000

7.1.3　应考虑电压等级为 220kV 及以上的所有变压器，对 330kV 电网，如果 330kV 主变压器的中压侧电压等级为 110kV，则应包括 110kV 的主变压器。

7.1.4　宜考虑直接接入电压等级为 220kV 及以上的风电场模型。

7.2　短路电流计算的基本原则

7.2.1　采用不基于潮流计算，即独立于电网运行状态的短路电流计算方法。

7.2.2　发电机及调相机正序电抗应采用次暂态电抗 X''_d 的饱和值。

7.2.3　假定所有母线短路前电压等于最高典型运行电压 cU_n，计算最大短路电流时：不考虑线路充电电容、变压器励磁阻抗对短路电流的影响；计算正序系统等值阻抗时，不考虑并联补偿的影响，包括低压电容器、低压电抗器和高压电抗器；cU_n 原则上不应超过设备最高允许电压，不得低于平均额定电压。

7.2.4　计算 220kV 及以上系统短路电流时，不考虑负荷模型的影响。

7.2.5　应考虑系统中等值小电源对短路电流的影响。

7.2.6　应考虑系统中风电场对短路电流的影响。

7.2.7　考虑变压器电压分接头实际位置，对变压器的序阻抗进行参数修正。大型互联系统短路电流水平校核中，可以忽略电压分接头位置对系统短路电流水平的影响，即所有变压器的分接头变比取为 1 标幺值。

7.2.8　交流系统发生短路时，直流系统对短路电流的贡献可以忽略，直流输电线路可按开断处理。但是中性点接地的换流变压器可为零序电流提供通路，计算单相短路电流时应予以考虑。

7.2.9　串补支路始终按最大补偿度考虑。

7.2.10　计算零序系统等值阻抗时，还应考虑如下因素：

a）变压器的中性点接地方式和中性点小电抗；

b）直流输电系统换流变压器的接地方式；

c）感性并联无功补偿设备的零序电抗，以及中性点电抗；

d）等值负荷的零序阻抗，应取馈线零序阻抗与下级变压器的高压侧零序等值阻抗之和；

e）发电厂高压侧高备变中性点接地方式，并考虑中性点小电抗。

7.3　短路电流计算方法

本标准短路电流计算内容是指发生短路时的对称短路电流初始值。短路故障形式主要考虑三相短路故障和单相短路接地故障，短路均考虑金属性短路。

对于三相短路故障，故障点短路电流基本的计算公式为：

$$I''_{\mathrm{k3}}=\frac{cU_{\mathrm{n}}}{\sqrt{3}\left|\dot{Z}_1\right|}\quad（单位：kA）$$

对于单相短路故障，故障点短路电流基本的计算公式为：

$$I''_{\mathrm{k1}}=3\cdot\frac{cU_{\mathrm{n}}}{\sqrt{3}\left|\dot{Z}_1+\dot{Z}_2+\dot{Z}_0\right|}\quad（单位：kA）$$

式中：$\dot{Z}_1$、$\dot{Z}_2$、$\dot{Z}_0$ 分别为短路点的正序等值阻抗、负序等值阻抗和零序等值阻抗（单位：Ω），U_{n} 为系统标称电压（单位：kV），c 为电压系数（一般选为 1.05～1.1）。

7.4 遮断容量的校核应考虑系统全开机的大方式，特定方式下的遮断容量校核可考虑实际的运行方式，母线短路电流水平不得超过断路器的开断能力，并适当留有一定的裕度。

7.5 电网规划中应分析短路电流变化的趋势，针对仍有上升趋势的情况，应选择电压系数的上限进行计算并留有足够的裕度。规划中短路电流抑制措施应从调整优化电网结构着手，为有效解决短路电流超标问题奠定良好的基础，一般不宜考虑采用拉停线路、出串运行、限制开机方式等运行方式调整措施。

7.6 可以采用任何满足短路电流计算基本原则的短路电流计算软件，要求短路电流计算软件的计算结果与附录 B 提供的算例结果保持一致。

附录B 标 准 算 例

1. 算例说明

为保证各短路电流计算软件结果的一致性，提供计算算例供各计算软件考核比较。以某 500/230kV 系统为考核算例（基准容量取 100MVA，系统标称电压 500kV，电压系数取 1.05），如图 B.1 所示，系统中包含 6 个发电厂，8 个 500kV 变电站（含开关站）、9 个 230kV 变电站。

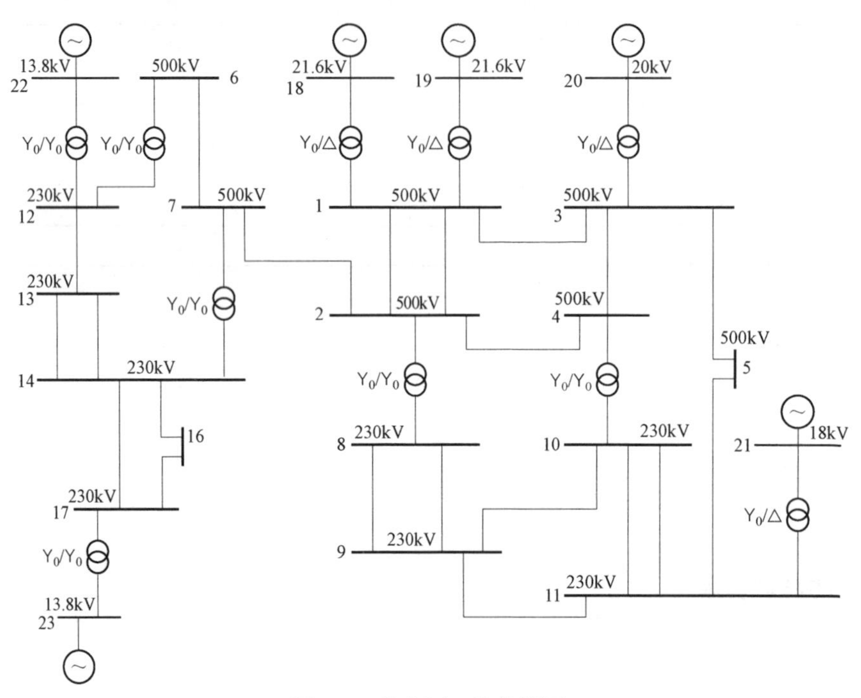

图 B.1 某电网一次接线图

2. 母线系统数据

母线系统数据见表 B.1。

续表

序号	首端	末端	I_d	R	X	B	R_0	X_0	B_0
3	1	3	1	0.001 000	0.015 000	1.200 000	0.003 000	0.045 000	1.000 000
4	2	4	1	0.000 800	0.010 000	0.950 000	0.002 500	0.030 000	0.900 000
5	2	7	1	0.003 000	0.030 000	2.500 000	0.008 000	0.080 000	2.200 000
6	3	4	1	0.002 000	0.025 000	2.000 000	0.005 000	0.070 000	1.700 000
7	3	5	1	0.003 000	0.030 000	2.500 000	0.008 000	0.080 000	2.300 000
8	6	7	1	0.006 000	0.054 000	0.090 000	0.016 000	0.160 000	0.070 000
9	8	9	1	0.005 000	0.045 000	0.100 000	0.015 000	0.130 000	0.060 000
10	8	9	2	0.006 000	0.054 000	0.150 000	0.018 000	0.160 000	0.110 000
11	9	10	1	0.004 000	0.040 000	0.100 000	0.010 000	0.100 000	0.090 000
12	9	11	1	0.000 330	0.003 330	0.090 000	0.001 000	0.010 000	0.080 000
13	10	11	1	0.005 000	0.045 000	0.080 000	0.015 000	0.130 000	0.060 000
14	10	11	2	0.005 000	0.045 000	0.080 000	0.015 000	0.130 000	0.060 000
15	12	13	1	0.000 000	0.008 000	0.000 000	0.000 000	0.008 000	0.000 000
16	13	14	1	0.006 000	0.054 000	0.090 000	0.016 000	0.160 000	0.070 000
17	13	14	2	0.006 000	0.054 000	0.090 000	0.016 000	0.160 000	0.070 000
18	14	16	1	0.003 000	0.025 000	0.060 000	0.007 000	0.075 000	0.055 000
19	14	17	1	0.006 000	0.050 000	0.120 000	0.014 000	0.150 000	0.100 000
20	16	17	1	0.003 000	0.025 000	0.060 000	0.007 000	0.070 000	0.055 000

4. 双绕组变压器参数数据

双绕组变压器参数数据标幺值见表 B.3。

表 B.3　双绕组变压器参数数据标幺值（非标准变比在首端，标幺值）

首端	末端	R	X	变比	绕组形式
1	18	0.000 3	0.013 6	1	$Y_0/\triangle$
1	19	0.000 3	0.013 6	1	$Y_0/\triangle$
2	8	0	0.005	1.01	Y_0/Y_0
3	20	0.000 7	0.021 25	1	$Y_0/\triangle$
4	10	0.000 4	0.016 25	1	Y_0/Y_0
5	11	0.000 3	0.015	1	Y_0/Y_0
12	6	0.000 3	0.015	1	Y_0/Y_0

续表

首端	末端	R	X	变比	绕组形式
7	14	0.000 4	0.016 25	1	Y_0/Y_0
11	21	0.000 26	0.013 33	1	$Y_0/\triangle$
12	22	0.000 2	0.01	1	$Y_0/\triangle$
17	23	0.000 21	0.085	1	$Y_0/\triangle$

5. 发电机组参数数据

发电机组参数数据见表 B.4。

表 B.4　　发 电 机 组 参 数 数 据

发电机名	有功功率（MW）	最大值（MW）	最小值（MW）	无功功率（Mvar）	最大值（Mvar）	最小值（Mvar）	容量（MVA）	正序次暂态电抗（p.u.）	负序次暂态电抗（p.u.）
18	750	810	0	103.558	600	−100	900	0.3	0.3
19	750	810	0	103.558	600	−100	900	0.3	0.3
20	600	616	0	47.402 3	400	−100	725	0.26	0.26
21	800	900	0	400.478 6	600	0	1000	0.25	0.25
22	259.3	900	0	80.626 7	600	−100	1000	0.35	0.35
23	100	117	0	50.160 1	80	0	130	0.35	0.35

6. 母线三相短路电流计算结果

母线三相短路电流计算结果见表 B.5。

表 B.5　　母线三相短路电流计算结果　　kA

母线名	三相短路电流	线路 1 分支电流	单相短路电流	线路 1 A 相分支电流	线路 1 B 相分支电流	线路 1 C 相分支电流
1	8.739 7	0.807 8	10.737 7	0.752	0.240 5	0.240 5
2	6.833 7	1.179 1	5.953 2	0.997 5	0.029 7	0.029 7
3	7.499 1	0.014 0	8.083 2	0.040 4	0.025 8	0.025 8
4	6.212	0.721 9	5.449 6	0.593	0.040 4	0.040 4
5	4.972 7	0.269 6	5.144 7	0.228 4	0.050 6	0.050 6

续表

母线名	三相短路电流	线路 1 分支电流	单相短路电流	线路 1 A 相分支电流	线路 1 B 相分支电流	线路 1 C 相分支电流
6	3.222	0.258 5	3.678 9	0.212 7	0.082 5	0.082 5
7	4.054	0.478 1	3.630 2	0.366 3	0.061 9	0.061 9
8	12.863 9	0.939 2	11.363 6	0.816 6	0.013	0.013
9	13.606 3	0.564 8	13.838 0	0.474 2	0.100 2	0.100 2
10	11.299 7	0.514 9	10.128 5	0.430	0.031 6	0.031 6
11	14.712 2	0.543 0	16.913 5	0.486 8	0.137 5	0.137 5
12	9.056 7	0.290 8	11.635 6	0.263 2	0.110 4	0.110 4
13	8.006 6	0.282 3	9.546 7	0.241 3	0.095 3	0.095 3
14	7.641 2	0.350 7	7.260 2	0.282 1	0.051 1	0.051 1
16	5.107 1	0.226 6	4.504 6	0.161 5	0.038 4	0.038 4
17	4.814 8	0.206 4	4.866 6	0.160 6	0.048	0.048

附录C GB 1984—2014《高压交流断路器》附录I

本附录为GB 1984—2014《高压交流断路器》附录I.2节“关于额定短路开断电流直流分量的解释性注解–旋转适当时间常数的建议”。

I.2.1 选取适当的时间常数的建议

45ms 的标准时间常数足以覆盖大多数实际工况。与断路器额定电压相关的、特殊工况的时间常数覆盖45ms时间常数不足的场合。例如，额定电压非常高的系统（如800kV系统，线路具有较高 X/R 比值），一些辐射性结构的中压系统或具有特殊系统结构或线路特性的系统，这种情况适用。考虑到 CIGRE WG13–04（I.2.2）的调查结果，确定了特殊工况的时间常数。

确定特殊工况的时间常数时，应考虑到下述方面：

（1）本标准中提及的时间常数仅对三相故障电流有效。单相对地短路的时间常数小于三相故障电流的时间常数。

（2）至少在一相短路电流的起始时刻出现在系统电压零点最大的非对称电流。

（3）时间常数与断路器的最大额定短路电流开断电流有关。例如，如果要求高于45ms的时间常数，但短路开断电流小于其额定值，这种情况可以被45ms的时间常数时的非对称额定开断短路电流试验所覆盖。

（4）一个完整系统的时间常数是一个与时间相关的参数，被认为是从该系统的各个支路短路电流的衰减导出的等效常数，而不是一个真实的，单一的时间常数。

（5）可以采用各种方法计算直流分量的时间常数，计算结果可能有显著的差异。应注意选择适当的计算方法。

（6）选择特殊工况的时间常数时，应切记断路器的触头分离后承受非对称短路电流。触头分离时刻对应于断路器的分闸时间和保护继电器的响应时间。本标准中仅考虑了一个工频半波的继电器时间。如果保护时间大于该值，则应予以考虑。

I.2.2 T100 试验期间的直流分量

GB 1984—2003 中引入特殊工况的时间常数，这个决定性的参数包括其相应的公差（在开断非对称故障时应被遵循）需要确定，以便：

（1）确保进行非对称试验，其中试验回路的直流时间常数不同于额定短路开断电流的额定电流时间常数，因为试验室不可能调整试验回路的直流时间常数。对于直接试验，当试验回路的直流时间常数长于额定短路开断电流的额定直流时间常数时，生成的 d*i*/d*t* 和 TRV 峰值比其在运行条件下要低。相反情况同样是正确的，在 GB 1984—2003 中介绍了主要的特殊工况直流时间常数（60、75、100ms 和 120ms）。

（2）确保使用结果，此结果是由包含不止一个直流时间常数额定值的一个特殊试验得到的。非对称等价性的概念也可以帮助用户在系统需求和额定值要求之间建立等价性。

大量的计算已经确认，以前触头的分量时刻的直流分量的概念（例如 GB 1984—1989 和 GB 1984—2003），试验（包括小半波和大半波开断）过程中导致的应力不同于其在运行条件下的预期应力。这就是为什么出版 IEC 62271-308 并且现在编入本标准的原因。

获得等价性的唯一方法是引入电流零点时直流分量的概念。这个概念已经在 GB/T 4473—2008 中使用。

试验期间，电流零点要求的最大的预期直流分量由使用相应于最短开断时间后面一个完整电流半波给出的直流分量决定。

标准中表 15～表 19 给出的值由一个完全的非对称电流波形得出，此波形与额定短路开断电流的额定直流时间常数一致。对于大半波各值，振幅，持续时间、电流零点时刻直流分量百分数和相应的 d*i*/d*t* 是在最短开断时间范围的最大值之后的电流大半波的这些值。对于小半波各值，振幅，持续时间、电流零点时刻直流分量百分数和相应的 d*i*/d*t* 是在最短开断时间范围的最小值之前的电流小半波的这些值。

与一般等价性判据相关的参数是：

——最后电流半波的振幅；

——开断前最后电流半波的持续时间；

——燃弧时间；

——电流零点的 d*i*/d*t*；

——TRV 峰值电压、波形。

前两点与燃弧能量有关。

根据此概念，为了达到等价性可能导致修改一些公差；例如，试验电流对称值得公差（0%，+10%）应扩大到–10%～+10%之间的任何值，用来确保调整最后电流半波的振幅和持续时间到规定的值。对于一些情况，有必要从额定对称短路电流中减小或增加这些值。

此程序，取决于实际试验参数，如果满足具有相关公差的每个额定值适用的非对称判据，则某一特定的试验可以涵盖若干额定值。

参 考 文 献

［1］夏道止. 电力系统分析［M］. 2版. 北京：中国电力出版社，2011.

［2］王章启，何俊佳，邹积岩，等. 电力开关技术［M］. 武汉：华中科技大学出版社，2003.

［3］傅知兰. 电力系统电气设备选择与实用计算［M］. 北京：中国电力出版社，2006.

［4］朱声石. 高压电网继电保护原理与技术［M］. 4版. 北京：中国电力出版社，2005.

［5］刘万顺. 电力系统故障分析［M］. 2版. 北京：中国电力出版社，2010.

［6］刘兆林，殷敏利. 华东500kV电网短路电流情况的调查［J］. 高压电器，2008，44（3）：221–224.

［7］李建华，黄志龙，刘蓓. 500kV 母线短路故障的分析［J］. 华东电力，2009，37（7）：1166–1169.

［8］上海市电力公司电力调度通信中心. 上海电网短路电流特征分析及实用评估方法研究. 2010.

［9］林集明，顾霓鸿，项祖涛，等. 特高压系统中的短路电流直流分量与零点漂移［J］. 电网技术，2006，30（24）：1–5.

［10］周沛洪，戴敏，娄颖，等. 1000kV交流断路器开断电流的直流分量时间常数和零点漂移［J］. 高电压技术，2009，35（4）：722–729.

［11］郭佳田，卞蓓蕾，马则良. 华东电网 220kV 省际联络线开断的研究［J］. 电网技术，1996，20（9）：6–8.

［12］程道平. “八五”期间华东电网结构及分层分区研究［J］. 华东电力，1993，1：1–5.

［13］水利电力部. 电力系统技术导则（试行）［M］. 北京：水利电力出版社，1985.

［14］电网运行与控制标准化技术委员会. 电力系统安全稳定导则［M］. 北京：中国电力出版社，2001.

［15］阮前途. 上海电网短路电流控制的现状与对策［J］. 电网技术，2005，29（2）：78–83.

［16］殷可，高凯. 应用串联电抗器限制超高压输电网的短路电流［J］. 华东电力，2004，32（9）：567–570.

［17］祝瑞金，蒋跃强，杨增辉，等. 串联电抗器限流技术的应用研究［J］. 华东电力，2005，

33（5）：18–22.

［18］ 郭明星，杨增辉，曹娜，等. 1000MW 机组接入 220kV 分区电网初探［J］. 华东电力，2010，38（11）：1744–1749.

［19］ 彭明伟，丁晓宇，宁康红. 600MW 机组从 500kV 电网改接入 220kV 电网的实践［J］. 浙江电力，2014，4：45–47.

［20］ 傅霞飞. 现代电力系统中短路电流水平的协调与控制［J］. 中国电力，1993，（12）：54–57.

［21］ 陈坚. 华中电网 2000 年短路电流水平预测及限流措施研究［J］. 河南电力，1993，（4）：18–22.

［22］ 傅霞飞，张正陵，陈坚，等. 华中电网未来短路电流水平及控制［J］. 电网技术，1994，18（5）：23–27.

［23］ 崔刚. 对甘肃电网短路电流水平的计算分析［J］. 甘肃电力，1994，（3）：32–36.

［24］ 傅业盛，罗惠群. 华东电网 500kV/220kV 电磁环网解网分析［J］. 华东电力，1997，（3）：31–33.

［25］ 李继红，黄良宝，徐谦，等. 一种降低短路电流水平的措施—母线分裂运行［J］. 电力系统自动化，2001，25（14）：62–64.

［26］ 谢泽权. 限制短路电流技术的探讨［J］. 广东电力，1997，（2）：29–31.

［27］ 朱天游. 500kV 自耦变压器中性点经小电抗接地方式在电力系统中的应用［J］. 电网技术，1999，23（4）：15–18.

［28］ 施伟国. 500kV 主变压器中性点小电抗接地限制不对称短路电流［J］. 上海电力，2002，（2）：26–29.

［29］ 谢应祥. 变电站电气设计需合理采用限流措施［J］. 广东电力，2001，12（1）：54–56.

［30］ 孙小舟. 500kV 变电所主变阻抗电压值的正确选择［J］. 安徽电力，1999，16（3）：67–68.

［31］ 陈润添，郑祖平，解大，等. 可控串联补偿控制系统的设计及实现［J］. 电力自动化设备，2002，22（2）：44–47.

［32］ 王晓彤，周孝信，林集明. 相间功率控制器的电磁暂态研究［J］. 电网技术，2001，25（10）：50–53.

［33］ Jorgen Skindhoj，Joachim Glatz–Reichenbach，Ralf Strumpler. Repetitive Current Limiter Based on Polymer PTC Resistor［J］. IEEE Transactions On Power Delivery，1998，13（2）：489–493.

[34] Dougal Roger A. Current–limiting Thermistors for High–power Applications [J]. IEEE Transactions on Power Electronics，1996，11（2）：304–310.

[35] Strumpler R.，Skindhoj J.，Glatz–Reichenbach J.，et al. Novel Medium Voltage Fault Current Limiter Based on Polymer PTC Resistors. IEEE Transactions on Power Delivery，1999，14（2）：425–430.

[36] 肖霞，李敬东，叶妙元，等. 超导限流器研究与开发的最新进展［J］. 电力系统自动化，2001，25（10）：64–68.

[37] 叶林，林良真. 超导故障限流器的电力应用研究进展［J］. 电力系统自动化，1999，23（7）：53–56.

[38] 余江，段献忠，唐跃进，等. 不失超型 SFCL 特性仿真分析［J］. 电力自动化设备，2002，22（3）：19–22.

[39] 费万民，吕征宇，吴兆麟，等. 三相接地系统短路故障限流器及其控制策略［J］. 电力系统自动化，2002，26 （8）：33–37.

[40] 孙晶，宗曦华，何砚发，等. 感应屏蔽型高温超导故障电流限制器模型机研究［J］. 中国电机工程学报，2002，22（10）：81–85.

[41] 王汉武，王挽君，冯真秋. 珊溪水电站高压限流熔断装置的应用［J］. 华东水电技术，2001，（4）：62–64.

[42] 陈旭，陈德桂. 新型混合式灭弧系统在限流断路器中的研究［J］. 电工电能新技术，1999，18（2）：10–13.

[43] 陈寄炎，陈仲铭. 无损耗电阻器式短路电流限制器［J］. 电力系统自动化，1998，22（4）：27–32.

[44] 石晶，邹积岩，何俊佳，等. 真空触发间隙式限流器的原理与实验研究［J］. 高压电器，1999，35（5）：3–7.

[45] 齐晓曼，宋平. 日本短路电流限制技术的研究和应用对华东电网的借鉴［J］. 华东电力，2010，38（10）：1640–1643.

[46] 吕文杰. 英国国家电网的短路电流控制技术［J］. 华东电力，2005，33（9）：634–635.

[47] 孙丽华. 电力工程基础［M］. 北京：机械工业出版社，2006.

[48] 李光琦. 电力系统暂态分析［M］. 2 版. 北京：中国电力出版社，1995.

[49] 于永源，杨绮雯. 电力系统分析［M］. 2 版. 北京：中国电力出版社，2004.

［50］ 刘从爱. 电力工程基础［M］. 济南：山东科学技术出版社，1997.

［51］ 《电气工程师手册》第二版编辑委员会. 电气工程师手册［M］. 北京：机械工业出版社，2000.

［52］ 何仰赞，温增银. 电力系统分析［M］. 3 版. 武汉：华中科技大学出版社，2001.

［53］ 西安交通大学，电力工业部西北电力设计院，电力工业部西北勘测设计院. 短路电流实用计算方法［M］. 北京：电力工业出版社，1982.

［54］ 张俊才. 电力系统故障的分析计算一对称分量法与相分量法［J］. 青海电力，1989（1）：24–30.

［55］ 冯煜尧，祝瑞金，庄侃沁，等. 华东电网短路电流计算标准研究［J］. 华东电力，2012，40（1）：074–078.

［56］ 周坚，胡宏，庄侃沁. 华东 500kV 电网短路电流分析及其限制措施探讨［J］. 华东电力 2006，34（7）：55–59.

［57］ 庄侃沁，胡宏，励刚，等. 控制和降低短路电流水平措施在华东电网的应用［J］. 华东电力，2005，33（12）：29–31.

［58］ 庄侃沁，陶荣明，尹凡. 采用串联电抗器限制 500kV 短路电流在华东电网的应用［J］. 华东电力，2009，37（3）：0440–0443.

［59］ 胡宏，周坚. 瓶窑 500kV 母线短路电流限制措施的研究［J］. 华东电力，2005 33（5）：15–17.

［60］ 胡宏，沈冰. 超高压电网故障电流限制器与系统继电保护配合研究［J］. 华东电力，2011，39（1）：0052–0054.

［61］ Sugimoto S.，Kida J.，Arita H.，et al. Principle and Characteristics of A Fault Current Limiter with Series Compensation. IEEE Transactions on Power Delivery，1996，11（2）：842–847.

［62］ Dougal Roger A. Current–limiting Thermistors for High–power Applications. IEEE Transactions on Power Electronics，1996，11（2）：304–310.

［63］ Strumpler R.，Skindhoj J.，Glatz–Reichenbach J.，et al. Novel Medium Voltage Fault Current Limiter Based on Polymer PTC Resistors. IEEE Transactions on Power Delivery，1999，14（2）：425–430.

［64］ Cave J R，Willen D W A，Nadi R，Et Al. Inductive Superconducting Fault Current Limiter

Development，In：ICEC16/ICMC Proceedings. 1996, 1021–1023.

［65］ Mukhopadhyay S. C.，Iwahara M.，Yamada S.，et al. Investigation of the Performances of A Permanent Magnet Biased Fault Current Limiting Reactor with A Steel Core. IEEE Transactions on Magnetics，1998，34 （4）：2150–2152.

［66］ Sybille G.，Haj–Maharsi Y.，Morin G.，et al. Simulator Demonstration of the Interphase Power Controller Technology. IEEE Transactions on Power Delivery，1996，11（4）：1985–1992.

［67］ Ranjan Radhkrishnan，Kalkstein Edward W. Design，Development and Application of Smart Fuses–part 1. IEEE Transactions on Industry Applications，1994，30（1）：164–169.

［68］ Okazaki Masayuki，Inaba Tsuginori. Development of A New Multi–divided Type of Commutating Elements for Fault Current Limiters on Distribution Lines. IEEE Transactions on Power Delivery，1991，6（4）：1498–1502.

［69］ Jorgen Skindhoj，Joachim Glatz–Reichenbach，Ralf Strumpler. Repetitive Current Limiter Based on Polymer PTC Resistor. IEEE Transactions On Power Delivery，1998，13（2）：489–493.

［70］ 姚颖蓓，缪源诚，陈浩，等. 淮沪特高压投产后电磁环网问题研究［J］. 华东电力，2014，24（1）：30–32.

［71］ 邓晖，楼伯梁，等. 浙江交直流混合电网特性及最小开机方式研究［J］陕西电力，2017，45（4）：55–59.

［72］ 陶荣明，冯煜尧，傅晨钊，等. 超高压电网故障电流限制器人工短路试验的分析研究［J］. 华东电力，2011，39（1）：0061–0065.

［73］ 胡宏，周坚. 瓶窑 500kV 母线短路电流限制措施的研究［J］. 华东电力，2005，33（5）：15–17.

［74］ 华东电网 220kV 省际联络线开断的研究［J］. 电网技术，1996，20（9）：6–8.

［75］ 任大伟，易俊，韩彬. 浙北—福州特高压交流输电工程系统调试中电网运行方式的调整［J］. 电网技术，2014，38（12）：3354–3359.

［76］ 傅业盛. 浙北电网近期规划与建设的思考［J］. 华东电力，2011，39（4）：591–593.

［77］ 刘笙. 电气工程基础［M］. 北京：科学出版社，2008.

［78］ 韩祯祥. 电力系统分析［M］. 5 版. 杭州：浙江大学出版社，2013.

［79］ 艾芊. 电力系统稳态分析［M］. 北京：清华大学出版社，2014.
［80］ 吴俊勇. 电力系统分析［M］. 北京：清华大学出版社，2014.
［81］ 姚颖蓓，缪源诚，庄侃沁，等. 华东特高压交流工程投产初期 500kV 短路电流控制策略研究［J］. 华东电力，2014，42（12）：2275–2278.
［82］ 蔡晖，孟繁俊，等. 特高压交直流混联背景下的江苏电网区外来电消纳能力分析［J］. 电力建设，2016，37（2）：100–106.
［83］ 任必兴，杜文娟，王海风. UPFC 接入对江苏特高压交直流混联电网的动态交互影响研究. 电网技术，2016，40（9）：2654–2660.